西北绿洲地区生态系统服务的空间动态与权衡分析

——以张掖市为例

李志慧　邓祥征　著

中国农业出版社

北　京

生态系统服务面临着气候变化与人类活动等各类复杂因素的多重胁迫，评估生态系统服务的空间动态与权衡关系是支撑生态系统管理及维持人类社会可持续发展的重要前提。气候变化及由人类活动导致的土地利用变化等是影响生态系统服务变化的重要因素，不仅直接影响生态系统服务供给的变化，还导致了生态系统服务之间复杂的权衡与协同关系。在社会经济快速发展的背景下，定量评估生态系统服务的空间动态变化并解析其驱动机制，以及厘清不同生态系统服务之间的权衡与协同关系，是当前生态系统服务研究的热点，对合理规划土地利用及维持生态健康与社会经济可持续发展具有重要意义。

张掖市是位于我国西北内陆黑河流域中上游的典型的干旱半干旱区绿洲，承载着黑河流域主要的人口与社会经济的生存与发展，生态环境脆弱敏感。伴随着干旱区气候特征，张掖市长久以来的绿洲农业生产等人类活动导致了区域内生态系统服务功能不同程度的变化，形成了"水—土—气—生—人"之间紧密的相互耦合作用关系。本书以张掖市为研究对象，对其1990—2015年的关键生态系统服务变化的空间动态特征、驱动机制及其权衡关系进行探讨，以期为张掖市的生态系统管理提供科学依据。

随着人口增长与经济快速发展，张掖市的土地利用结构与空间格局动态变化显著，不同时间阶段的土地利用情况及土地转移类型存在差异。张掖市的草地与未利用地为其主要土地利用类型。1990—2015年其土地利用变化主要表现为耕地和建设用地面积呈现持续增长的趋势，其中耕地的总体扩张率达 20.95%，林地呈现先减少后增加的趋势，草地与未利用地呈持续减少的趋势。1990—2000年，张掖市土地利用转移主要发生在草地、林地、耕地和未利用地之间，表现为耕地侵占草地与林地，以及草地和林地退化为未利用地；2000—2010年及2010—2015年，由于张掖市社会经济发展及农业生产活动的加强，土地利用转移主要表现为耕地的持续扩张，其面积的增加主要以未利用地和草地转入为主，但相对于 1990—2000 年的转移变化，耕地侵占草地的趋势明显下降，未利用地转为耕地的趋势上升。张掖市耕地、草地和未利用地三者之间的相互转移反映了人类活动强度的增加及其对生态系统胁迫的加剧。自 2000 年黑河流域实施干流统一水量调度后，张掖市的水资源利用更为紧缺，而耕地却持续扩张，灌溉用水挤占生态用水，导致生态退化。因此，张掖市需要进一步严格控制耕地的发展，有效调整产业结构，以保障其未来的水资源有效利用及社会经济与生态的可持续发展。

受土地利用与气候等因素的影响，张掖市 1990—2015 年各项生态系统服务区域差异性明显，不同生态系统服务对土地利用与气候变化的响应程度与方向不一。本书定量评估了张掖市 1990 年、2000 年、2010 年和 2015 年四项关键生态系统服务的物理量，包括水资源供给、土壤保持、固碳服务及植被净初级生产力（Net Primary Productivity 以下简称 NPP），并在此基础上对生态系统服务的时空动态特征进行分析。结果表明，1990—2015 年，张掖市各项关键生态系统服务的空间分布格局相对稳定而区域差异显著，东南部祁连山区地带的生态系统服务能力相对较强，西北部的绿洲与荒漠过渡区生态系统服务能力相对较弱，主要受张掖市内的气候差异影响。1990—2015 年，张掖市的水资源供给、固碳服务及植被 NPP 具有不同程度的上升，产水量从 $29.25 \times 10^8 m^3$ 上升至 $33.80 \times 10^8 m^3$，固碳总量由 $5.70 \times 10^8 t$ 上升至 $5.74 \times 10^8 t$，植被 NPP 上升速率达 $1.18 gC \cdot m^{-2} \cdot a^{-1}$；而土壤保持服务总体呈下降趋势，由 $24.6 \times 10^8 t$ 降至 $15.55 \times 10^8 t$。张掖市生态系统服务与土地利用及气候变化密切相关，在土地利用与气候条件共同影响下，林地和草地的平均水资源供给、土壤保持与固碳服务远大于其他土地利用类型，耕地对于植被 NPP 积累及固碳服务具有一定的作用；气候不变方案下，林地增长对区域内的产水起抑制作用，草地增长则对产水具有促进作用，而林地和草地的增长都能促进土壤保持量的增加。张掖市各项关键生态系统服务的空间分布及时空变化不仅受土地利用类型变化的影响，还与降水量、降雨强度、蒸散发等气候因素以及地形条件等自然因素的空间分布与动态变化密切联系。针对张掖市生态系统服务的空间分布与动态变化特征，本研究建议未来生态系统管理中需要加强对黑河流域上游地区的生态保护，同时控制中游地区的农业生产活动。

张掖市生态系统服务动态的驱动机制解析有必要基于多层次模型（Multi‐level Model，MLM）分析。本研究采用多层次模型定量分析了张掖市县域层次人文驱动因子及集水区层次自然驱动因子对各项生态系统服务的综合驱动机制，结果表明各项各层次因子对生态系统服务变化共同驱动，且其作用程度与方向存在差异。其中，县域层次人文驱动因子对水资源供给、土壤保持、固碳服务及植被 NPP 的总体方差变异的解释程度分别达 47.99%、59.96%、51.3% 及 23.37%，表明有必要对县域层次的人文驱动因子及集水区层次的自然驱动因子进行分层次驱动机制解析。从自然驱动因子看，降水量的增加能够显著提升产水量，而蒸散量的增加能够显著导致产水量的下降；降雨侵蚀力是显著影响土壤保持服务的因子，降雨侵蚀力越大的地区，其土壤保持服务越强；固碳服务主要受土地利用因子的影响，林草地及耕地的面积比例越大，固碳量越多；日照时数与土壤有机质含量对植被NPP有显著的正向作用。从人文驱动因子看，粮食生产、牧业生产及农业生产技术的提升对产水量具有负向作用，但对土壤保持服务具有正向作用；地区国内生产总值（Gross Domestic Product，以下简称GDP）、第三产业占比、农民人均纯收入对固碳服务具有显著正向作用，牧业生产对固碳服务具有显著负向作用；人口密度、地区GDP及第三产业占比对植被NPP具有显著正向作用。气候条件等自然驱动因子及区域内农业生产等人文驱动因子共同作用于生态系统服务变化，能够导致生态系统服务不同程度及方向的变化并引起生态系统服务之间的权衡关系变化。从生态水文过程对土地利用变化响应的角度考察土地利用变化对生态系统服务变化的影响机制，结果表明林地和草地的共同增长对区域的产水与产流具有一定的抑制作用。张掖市的水土资源具有复杂的相互作用关系，在水土资源配置过程中，考虑水资源约束土地利用的同时，需要考虑生态水文过程对预期的土地利用变化的响应，由此指导地区合理的水土资源规划以维持社会经济与生态的可持续发展。

张掖市的生态系统服务及其动态变化存在复杂的权衡或协同关系。基于玫瑰图分析可知，受自然条件及人为因素的驱动作用，林地、草地和耕地生态系统中的水资源供给服务与植被NPP表现为同增同减的协同关系，而水资源供给服务及植被NPP与土壤保持服务表现为此消彼长的权衡关系。张掖市生态系统服务静态相关性分析结果表明，张掖市水资源供给、土壤保持、固碳服务及植被NPP保持着空间静态协同关系，其中水资源供给与土壤保持（0.78）、固碳服务（0.72）及植被NPP（0.58）之间的空间静态协同关系都较为显著；粮食生产与水资源供给（−0.22）、土壤保持（-0.33）及固碳服务（-0.045）之间也具有不同程度的空间静态权衡关系，而与植被NPP具有较强的空间静态协同关系（0.52）。张掖市生态系统服务动态相关性分析结果表明，植被NPP与水资源供给服务为空间动态权衡关系（-0.24），与固碳服务为空间动态协同关系（0.28）；粮食生产与水资源供给服务为空间动态权衡关系（-0.18），而与土壤保持服务（0.24）、固碳服务（0.41）及植被NPP（0.61）均为空间动态协同关系。然而，在气候不变方案下，粮食生产、水资源供给及土壤保持三者之间的空间动态权衡/协同关系正好相反。基于方向性产出距离函数测算的结果表明，张掖市多项生态系统服务与粮食产量联合生产的效率值在0.27~0.99，呈现由东南向西北下降的趋势；粮食生产与各项关键生态系统服务之间的产出替代弹性的空间分布特征说明它们之间的权衡或协同关系具有空间差异性，其中粮食生产与水资源供给服务在张掖市的中上游地区表现为显著的权衡关系，而在西北部地区表现为一定的协同关系；粮食生产与土壤保持服务之间主要表现为微弱的此消彼长的权衡关系；粮食生产与固碳服务及植被NPP之间的权衡/协同关系较弱。生态系统服务相互权衡/协同关系的定量化及空间化的特征分析有助于更好地指导区域生态保护政策的实施与生态系统服务的管理。

目 录
CONTENTS

第1章 绪 论

1.1 研究背景和意义

生态系统服务是人类社会生存和发展的重要基础，与人类福祉密切相关，是联合国千年生态系统评估的核心内容（MEA，2005）。随着人类活动的加剧，土地利用与气候变化及生态环境恶化等问题造成了全球约63%的生态系统服务退化（Gumming et al.，2014），因此对生态系统服务的定量评估及动态变化的机制解析成为全球生态系统服务研究的热点。生态系统服务分类复杂多样，生态系统服务动态变化的驱动机制解析涉及全球范围到区域范围的不同尺度自然因素分析与人文因素分析。随着研究学者对生态系统服务空间动态变化驱动机制研究的深入，生态系统服务变化驱动机制研究中的不同层次驱动因素的尺度依赖问题也逐渐受到广泛关注。构建多层次的生态系统服务变化驱动机制模型能够同时从宏观和微观两个角度解析生态系统服务变化的复杂性，是当前国内外学者进行区域实践研究的热点。量化生态系统服务的供给并定量解析不同层次驱动力对生态系统服务变化的影响，对生态系统可持续发展具有重要意义。

受土地利用与气候变化等自然因素的影响，生态系统服务在空间上具有显著的多样性、差异性及不均衡性，另外人类社会对不同生态系统服务的供给存在需求偏好，导致生态系统服务之间存在着复杂的此消彼长的权衡与相互增益的协同关系（Elmqvist et al.，2013）。随着人口增长与社会经济快速发展，人类活动的直接作用或通过改变土地利用方式等的间接作用影响生态系统服务不同方向的动态变化，并导致生态系统服务间复杂的权衡与协同关系变化。基于生态系统服务的定量评估，系统地厘清土地利用及气候变化等因素综合影响下的各项生态系统服务之间的权衡与协同关系，是优化生态系统管理与土地利用规划，以维持区域生态保护与社会经济可持续发展的重要前提。

张掖市是位于我国黑河流域内的典型的干旱半旱区绿洲，其生态服务保障是支持全流域生态与社会经济发展的重要前提。黑河流域是我国位于西北干旱区的第二大内陆河流域，地处祁连山与河西走廊中部，生态环境敏感脆弱。生态系统的健康发展是黑河流域经济可持续发展的支撑。为保障流域的可持续发展，必须保证水土资源合理利用以维持生态系统的健康和稳定，从而保证为人类社会提供最大的服务功能。张掖市主要覆盖黑河流域的中游地区，是流域内重要的绿洲，经历了久远的环境变迁和长期的人类影响，承载着全流域主要的人口生存与社会经济发展。张掖市典型的绿洲经济格局形成了更加紧密的土地利用、水资源利用、生态系统服务及社会经济发展之间相互耦合作用的关系。由此，对张掖市干旱区绿洲土地利用变化及其对生态系统服务变化与权衡关系影响的研究，必然成为干旱区环境变化研究的关键内容（程国栋，2009）。因此，以张掖市为研究区，分析张掖市的土地利用变化及其格局演替过程；定量刻画水资源供给、土壤保持、固碳服务和植被 NPP 等关键生态系统服务的动态变化；解析不同层次驱动因子影响张掖市生态系统服务空间动态的驱动机制，以及张掖市的主要生态水文过程对不同情景下的土地利用变化的响应；分析各项生态系统服务之间的相互权衡和协同的关系，从生态系统服务的角度为张掖市的土地利用管理与生态系统可持续发展提供科学依据和决策支持，对于维持张掖市生态与经济的协调发展具有重要意义。

1.2　生态系统服务及权衡概述

1.2.1　生态系统服务概述

生态系统服务是指人类直接或间接从生态系统获得的各种收益（MEA，2005），保障生态系统服务的可持续性是维持区域发展的重要基础（Howe et al.，2014）。生态系统服务概念于 1970 年在《人类对全球环境的影响报告》中首次提出，随后获得世界研究学者的广泛关注，Constanza、Daily 等研究学者及联合国千年生态系统评估（MEA）等组织机构开展了对生态系统服务的分类与评估的研究（Holdren and Ehrlich，1974；Westman，1977；Costanza et al.，1997；Daily，2000；MEA，2005）。生态系统服务的科学合理分类是生态系统服务评价的重要基础，经过近几十年的研究发展，不同学者基于不同的研究尺度、研究目的及研究视角提出了不同种类的生态系统服务分类框架（De Groot，1992；Daily，1997；李文华，2008）。其中，Costanza 等（1997）的研究中将生态系统服务分为 17 类，并对全球的生态系统服务价值进行了评估并受到相关研究学者的广泛关注。另外，比较经典且受到广泛认可的分类为 MEA 提出的供给服务、调节服务、支持服务和文化服务四大类，该分类框架系统性强，且提出了与人类福利的结合（MEA，2005）。

国内的生态系统服务评估研究起步较晚但发展较为迅速。国内最早的生态系统服务评估研究可回溯至 20 世纪 80 年代初基于森林资产价值核算开展的相关工作，20 世纪 90 年代中期国内学者对生态系统服务分类与评估的研究蓬勃发展。相较于国外的研究，国内学者对生态系统服务概念、分类及评估标准的研究主要包括以下三类：一是，以欧阳志云和谢高地等研究学者为主要代表。其生态系统服务分类方法与 Costanza 所采用的生态系统服务分类方法较为相似，从生态系统的功能出发，较为全面地对生态系统服务进行了分类研究（欧阳志云和王如松，2000；Xie et al.，2010）。类似该分类研究，有研究学者更进一步地考虑到不同生态系统提供的服务具有显著差异性，因此他们更加具有针对性地提出了不同生态系统的分类方法，如农田生态系统（赵荣钦等，2003）、湿地生态系统（吴玲玲等，2003）、森林生态系统（赵同谦等，2004）、草地生态系统（刘兴元等，2011）等，具体的生态系统服务具有不同的分类。二是，参考 MEA 所提出的生态系统服务的分类方法，国内学者根据中国或典型区域的生态系统服务特点对生态系统服务的分类开展了相应研究。如李建勇等（2004）在研究中指出生态系统服务包括调节、生境、生产和信息四大生态系统服务功能；刘纪远等（2009）针对三江源地区典型的草地生态系统，将该区域内的生态系统服务划分为生态系统结构、支持功能、调节功能和供给功能。三是，部分研究学者将环境经济学中的"总经济价值"理论引入生态系统服务的分类研究中。如李文华（2008）将生态系统服务分为具有使用价值的生态系统服务和具有非使用价值的生态系统服务；赵同谦等（2003）把水生态系统的服务功能划分为具有直接使用价值的产品生产功能和具有间接使用价值的生命支持系统功能两大类，进行评估。该分类方法侧重于对价值的考虑。

综合来看，国内外对于生态系统服务的分类根据研究尺度、生态系统类型、价值量侧重等的不同而存在差异，不同的分类方法对评估结果会有直接影响。此外，不同地区由于自然条件等影响，生态系统结构不同，提供的主要生态系统服务存在差别。

1.2.2　生态系统服务权衡概述

生态系统服务种类多样，人类活动直接或间接地改变了生态系统格局与过程，由此导致生态系统服务供给的不均衡变化及各项生态系统服务之间关系的变化。生态系统服务之间的关系主要表现为权衡或协同，厘清生态系统服务间的权衡与协同关系是有效进行土地利用与生态系统服务管理的重要前提。MEA（2005）在报告中将权衡关系定义为不同管理决策导致的生态系统提供的不同生态系统服务的变化。生态系统与生物多样性经济学（the Economics of Ecosystems and Biodiversity，TEEB）将生态系统之间的权衡关系描述为某种生态系统服务对另一种生态系统服务变化的响应，也即由于某一类型的生态系统服务增加导致某些其他类型生态系统服务减少的状况（Kumar，2010）。Benett 等（2009）通过研究多种生态系统服务之间的关系，将生态系统服务间关系的变化分为两部分，一部分来自于不同生态系统服务对同一种驱动因子的不同响应，另一部分来自于生态系统服务之间发生交互作用。另外，有不同研究学者对权衡关系进行了定义，其中普遍认为引起生态系统服务权衡的原因来自人类活动对各项生态系统服务的需求偏好。由于人类对生态系统服务缺乏整体而全面的认知，人类活动过程往往仅追求一种服务的收益最大化，缺乏综合考虑多种生态系统服务的意识，从而导致生态系统服务之间复杂的权衡或协同关系的变化（Elmqvist et al.，2013；傅伯杰和于丹丹，2016）。为保障可持续的生态系统服务供给，人类在开展社会活动的过程中必须同时考虑多种生态系统服务之间的关系，使其效益最大化，因此需要明确并量化生态系统服务之间的相互关系。

由于生态系统服务空间分布的异质性和不均衡性，以及人类社会对各生态系统服务的偏好与需求的差异性，导致生态系统服务之间存在不同尺度的权衡。生态系统服务权衡发生在不同的时间及空间尺度，不同的利益相关者之间，并存在生态系统服务变化的不可逆性（Rodríguez et al.，2006；Power，2010；Ring et al.，2010；Holland et al.，2011）。在受到外界驱动因素的干扰后，不同类型的生态系统服务对外界干扰的响应的时间尺度存在差异，由此形成生态系统服务当前供给与未来提供之间的权衡关系变化，即权衡短期的生态系统服务利用对长期的服务造成的影响。管理者进行决策，通常只重视短期过程的产品生产服务功能（生态系统供给服务），而忽略长期过程的其他生态系统服务（生态系统调节服务），因此破坏许多自然过程，造成严重的生态环境问题（Rodríguez et al.，2005；van den Belt et al.，2013）。

空间尺度的生态系统服务权衡关系可理解为某一地区的某种生态系统服务获取量的增加导致其他地区的同种或其他生态系统服务供给量的下降，发生在不同的生态景观、生态系统、社区、区域甚至国家之间（Ring et al.，2010）。例如，流域上游地区的农业生产中的灌溉及化肥投入将严重影响下游居民的可用水量及水源质量（Pattanayak，2004），如美国高产、高密度的农业生产过程中的大面积施肥带来了农产品产量增加，同时也严重影响邻近的墨西哥湾水质，导致墨西哥湾捕鱼业受到严重负面影响（Tilman et al.，2002）。

此外，受宗教、偏好、教育等因素的影响，以及时间与空间尺度的限制，不同利益相关者对各类生态系统服务的选择与需求不同，因此在某些利益主体从某项生态系统服务获益时，另一些利益主体则由于另一项生态系统服务供给量的减少而受到损失，由此引起利益相关者之间的矛盾（Rodríguez et al.，2006；McShane et al.，2011；Martín-López et al.，2012）。如某些利益相关者通过农业生产行为可以获得更多的食物产品供给，同时影响了生态系统的生态水文过程，导致依靠水文生态系统服务的利益相关者受到损失（Silvestri and Kershaw，2010）。

生态系统服务的权衡不仅发生在时间和空间尺度上，以及不同利益相关者之间，且存在不同程度的可逆性，即不同生态系统服务在受到干扰后恢复到原来状态的程度是不一样的（Rodríguez et al.，2005）。千年生态系统服务评估中着重说明了生态系统服务变化阈值的重要性（MEA，2005）。当生态系统服务变化超过了特定的阈值，则可能导致无法修复的生态灾难（Farley，2012）。在外界各类影响因素的干扰下，分析生态系统服务权衡关系，解析干扰因素对生态系统服务过程与阈值的影响，对于精确评估资源的合理开发利用以避免生态系统服务变化超过阈值具有重要意义。

相关决策者需要综合考虑生态系统服务之间的权衡关系，以及权衡关系随着空间、时间和利益相关者变化而变化的特征，识别权衡过程中的生态系统服务变化阈值，避免决策导致的时空外部效应和造成生态系统服务不可逆。这对于深化生态系统服务研究并为生态与社会经济协调发展提出完善的资源管理政策具有重要意义。

1.3　研究目标与框架

1.3.1　研究目标

本研究旨在以张掖市为研究区，解析张掖市 1990—2015 年的土地利用动态变化特征，在此基础上量化不同时期土地利用变化下的关键生态系统服务的空间动态，综合考虑自然因素与人文因素的共同驱动作用，揭示各因素在不同层次对生态系统服务动态变化的驱动机制，同时从主要水文过程响应机制的角度，通过模拟不同情景下，主要生态水文过程对土地利用变化的响应来解析土地利用变化对生态系统服务变化的影响，最后定量分析张掖市各项生态系统服务及其动态的空间权衡关系，从而为张掖市的土地利用与生态管理提供重要决策支持信息。

1.3.2　研究框架

本研究的具体内容如下：

1. 张掖市土地利用动态变化特征分析

基于通过遥感影像解译获取的张掖市 1990—2015 年多期土地利用空

间数据，利用地理信息系统（Geographic Information System，以下简称GIS）平台分析工具对各类土地利用的面积变化量、变化速率、动态度、转移矩阵等进行空间统计与制图，定量分析张掖市土地利用的时空动态变化特征。

2. 张掖市不同时期土地利用变化下的关键生态系统服务空间动态分析

根据文献记载与张掖市实际情况，遴选主要生态系统服务表征指标，基于收集的土地利用、土壤属性、气候条件等空间数据信息，采用InVEST（Integrated Valuation of Ecosystem Services and Tradeoffs）模型模拟张掖市不同时期各项关键生态系统服务，并通过空间制图与统计分析，揭示张掖市关键生态系统服务时空动态特征。

3. 张掖市关键生态系统服务动态变化驱动机制解析

基于张掖市各项关键生态系统服务的评估结果，集成土地利用、土壤属性、气候条件等自然驱动因子时空数据与县域层次的 GDP、产业结构、人口及粮食产量等社会经济驱动因子数据，基于多层次模型解析主要自然因素与人文因素在不同层次综合驱动生态系统服务变化的机制，提升对张掖市生态系统服务形成与变化驱动机制的认知水平。同时，从水文过程响应的角度解析土地利用变化对关键水文生态系统服务的影响，构建不同土地利用情景，结合土地系统动态模拟（Dynamics of Land Systems，以下简称 DLS）模型与 SWAT（Soil and Water Assessment Tool）模型解析不同土地利用情景下的主要生态水文过程的响应。综合以上分析，较为全面地揭示张掖市生态系统服务的空间动态驱动机制。

4. 张掖市关键生态系统服务动态的空间权衡分析

基于张掖市各项关键生态系统服务的评估结果，采用玫瑰图统计与相关分析方法，定性描述不同土地利用类型的生态系统服务权衡关系及每两类生态系统服务之间的静态及动态空间权衡关系；最后基于方向性产出距离函数，采用随机前沿分析方法（Stochastic Frontier Analysis，SFA）着重定量评估张掖市的粮食生产供给服务与各项关键生态系统服务之间的空间权衡关系，为实现提高粮食产量的同时保障生态环境改善的"双赢"局面提供空间决策支持信息。

根据研究目标与内容的设定，本研究首先对张掖市的土地利用、气候条件、土壤属性与地形条件等相关的自然环境数据集，以及 GDP、人口、农民人均纯收入及粮食产量等社会经济数据进行收集处理，进一步开展土地利用时空动态变化特征分析、关键生态系统服务的空间动态量化及驱动机制解析、关键水文过程响应机制分析以及生态系统服务动态的空间权衡分析。总体研究思路如图 1-1 所示。

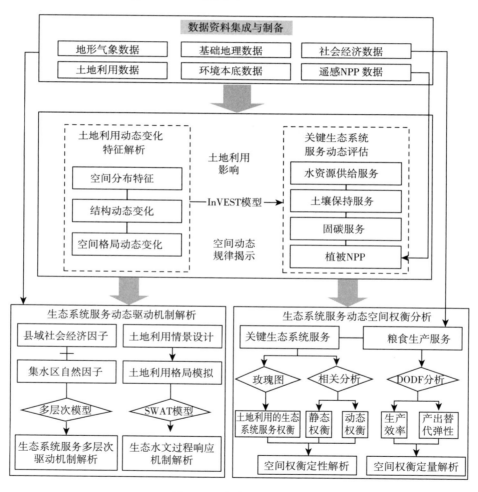

图 1-1　本书的研究思路

注：DODF（Directional Output Distance Function）指方向性产出距离函数。

1.4　章节安排

根据研究目标与研究内容，各章的具体安排如下。

第 1 章，绪论。本章主要介绍研究背景与意义，确定研究目标与内容、研究技术路线及结构安排。

第 2 章，国内外研究进展。本章进行文献综述回顾、梳理与本研究写作相关的重要研究基础与进展，探讨研究的切入点和创新点。

第 3 章，研究区概况及数据来源。本章主要介绍研究区张掖市的自然环境条件与社会经济发展等基本概况，并对研究过程中所需数据的来源与内容进行说明。

第 4 章，土地利用时空动态变化分析。本章主要通过对张掖市土地利用的数据资料进行空间分析，解析张掖市 1990—2015 年的土地利用时空变化的数量、速率、方向与空间格局等特征。

第 5 章，生态系统服务时空动态变化分析。本章主要基于 InVEST 模型评估张掖市不同时期的关键生态系统服务，进一步解析各关键生态系统服务的时空变化特征。

第 6 章，生态系统服务空间动态变化驱动机制解析。本章主要解析自然因素与人文因素在不同层次对张掖市关键生态系统服务动态变化的驱动机制，厘清不同层次驱动因子对张掖市关键生态系统服务变化的影响程度与方向。

第 7 章，生态水文过程对土地利用变化的响应。本章主要通过解析不同水资源约束条件的土地利用情景下主要生态水文过程的响应机制，从水文过程响应的角度解析土地利用变化对关键水文生态系统服务的影响。

第 8 章，生态系统服务空间动态权衡分析。本章主要基于张掖市各项关键生态系统服务的评估结果，通过统计与相关分析方法定性解析生态系统服务相互关系，同时基于方向性产出距离函数定量评估张掖市的粮食生产供给服务与各项关键生态系统服务之间的空间权衡关系。

第 9 章，总结与展望。本章基于前 8 章的研究结果，总结提炼研究结论，进一步讨论研究中的创新点、存在的不足与研究展望。

第 2 章　国内外研究进展

2.1　生态系统服务动态评估

　　经过长期理论导向的生态系统服务的研究，实证定量的生态系统服务动态评估逐步成为研究热点。如何合理量化和空间刻画生态系统服务是当前生态系统科学面临的最大挑战之一（Wallace，2007；Portman，2013），对实现生态系统的可持续管理具有重要意义。

　　不同研究学者在生态系统服务动态评估方面定义和设计了不同的研究概念与方法框架，包括价值量法等生态系统服务定量评估方法，主要服务于在不同尺度上制定量化指标以测算不同生态系统服务的状态与变化；在不同尺度识别与量化生态系统服务的估算；量化土地利用及其对生态系统服务动态变化的驱动机制；识别不同土地利用变化模式下的每类生态系统服务空间变化等（Leh et al.，2013）。此外，以 InVEST 模型为代表的各种评估模型也迅速发展，近年来许多研究学者开发了生态系统服务空间评估模型，在分析尺度、角度及评估生态系统服务产品方面存在许多不同。本章对生态系统服务动态评估方法与模型进行分类探讨，并进一步讨论其应用与发展，为实际研究中选择合适的模型方法评估生态系统服务提供参考。

2.1.1　定量评估方法

　　识别和量化生态系统服务越来越被认为是用于环境资源有效配置的有力手段。目前针对生态系统服务定量评估的方法多种多样，可大体归类为价值量法、能值法和物质量法（Bagstad et al.，2013；Watanabe and Ortega，2014）。

　　基于价值量法的生态系统服务研究主要以经济价值评估为主。生态系统服务以直接或间接的形式服务于人类福祉，因此在总体经济价值中占有一定比例。定量评估生态系统服务的货币价值是一个复杂的过程，而评估生态系统服务的增量或边际值具有一定的指示性意义。已有许多研究旨在估算生态系统服务的市场成分价值与非市场成分价值，绝大多数却只能直接或者间接估算个人对于生态系统服务的支付意愿。鉴于此，Costanza 等（1997）基于价值转移法匡算出了全球尺度的生态系统服务的总价值，该方法在中国也得到了广泛的应用和发展（陈仲新和张新时，2000）。中国学者谢高地等（2003）在该方法的基础上研究得到了中国陆地生态系统服务价值当量因子表，为中国地区的生态系统服务价值评估提供了评估单价体系；栗晓玲等（2006）提出了动态生态价值评估的概念，在单位面积生态价值的静态评估的基础上，构建了基于发展阶段系数和资源紧缺度的生态系统服务价值动态估算方法；段瑞娟等（2006）在针对北京地区提出相应的生态系统服务价值系数时，进一步增加了建设用地的生态系统服务价值的计算并考虑了人类活动对生态系统产生的影响。不同学者提出了不同的生态系统服务价值估算系数以改进前人的研究，万利等（2009）依据 Costanza、谢高地及段瑞娟提出的 3 种服务价值系数的对比研究，指出价值系数必须考虑人类活动对自然生态系统的影响。

此外，为实现提供决策支持的目标，必须充分了解生态系统服务及提供生态系统服务的土地利用状态及其联系情况，并在空间层次上刻画生态系统服务价值。经济学家在运用价值转移法时也逐步意识到空间与生态环境背景差异的重要性（Bateman et al.，2002；Ghermandi and Nunes，2013）。然而，以功能意义的生态系统服务分类尚未开发以适用于价值转移。生态学家已经对可描述不同土地利用类型的生态功能进行分类，但这些类型特征可能并不总是适合于经济应用。因此，如何将具有功能意义的空间土地拓扑分类与经济评估相联系是一个难点。对此，基于 GIS 平台及高质量的土地覆盖数据集，Troy 和 Wilson（2006）将价值转移法与 GIS 技术相结合，侧重估算了空间明确的生态系统服务价值，构建了生态系统服务系统的空间分析框架，并进一步进行历史分析与情景分析，补充了生态系统服务价值评估的不足。

能值法是由美国生态学家 H. T. Odum（2000）在能量系统分析基础

上创立的新的理论方法。能值指某种能量中所含有的其他类别能量的数量，不同资源与产品的形成都直接或间接来于太阳能，因此可通过能值转换率将不同种类、不可比较的能量转换成同一标准的太阳能值。采用能值法对生态系统服务进行评估是指将生态系统提供的服务或产品用其含有的太阳能值表示，从而将生态系统服务转化为同一单位标准下的服务，用于直观比较不同生态系统服务的大小。但是能值法在估算过程中的能值转化率计算比较复杂，实现难度较大且能值反映的太阳能不能在市场中反映生态系统服务的稀缺性，在应用中存在一定的缺陷。

物质量法主要基于生态过程生产的物质量进行评估（赵景柱等，2000）。生态系统服务的物质量由生态系统的结构和过程来决定，能够较为客观准确地反映生态系统服务供给量的大小，表征生态系统服务供给的可持续性。但是不同生态系统服务的物质量的量纲存在差异，致使其各项功能的物质量结果无法进行加总，因此物质量法难以综合评估生态系统提供的所有服务的总体状况。

生态系统服务的价值评估反映了人类在自然资源开发和经济发展过程中对生态系统服务和生态系统平衡的重要性的认知，但主要集中关注于生态系统服务的总价值，对单项生态系统服务及其形成机理重视不足（郑华等，2013；欧阳志云等，2014）。另外，基于生态系统服务价值系数的价值估算的假设前提为各类土地利用面积与生态系统服务之间为线性关系，忽视了两者之间的复杂非线性关系。实际情况下，土地利用类型面积与景观格局的变化对生态系统服务具有非常复杂的影响（苏常红和傅伯杰，2012）。此外，价值量法和能值法都存在动态性及空间显性表达不足等问题。相比之下，物质量法的评估结果比较直观，能够客观揭示生态系统服务形成的过程与机理，其评估方法包括小尺度上的定点监测和实验与大尺度上的模型开发应用，可基于遥感与 GIS 技术方法实现生态系统服务的空间动态评估，但其在旅游价值、科研文化价值估算等方面存在一些不足（苏常红和傅伯杰，2012；欧阳志云等，2014）。

2.1.2 模型评估法

生态系统的复杂性与空间异质性导致生态系统服务的空间异质性，评估生态系统服务应该注重空间显性的建模工作。Kreuter 等（2001）和 Troy 等（2006）利用价值转移法定量评估并绘制了全球及区域尺度上的生态系统服务价值，Tallis 等（2009）及 Nelson 和 Polasky（2009）则指出其研究忽略了空间异质性。因此，近年来基于遥感与 GIS 技术支持的生态系统服务评估模型的研究与日俱增，在生态系统服务空间动态评估中发挥着重要作用。基于模型进行生态系统服务评估具有空间显性的优势，能够在保持研究问题的本质的同时对现实的复杂问题进行简化，有效服务于生态系统管理决策。针对生态系统服务定量评估空间化的模型方法有许多，主要包括 InVEST 模型和 ARIES（Artificial Intelligence for Ecosystem Services）模型，可实现对生态系统服务的直接评估与空间显性表达（Tallis et al.，2011；Bagstad et al.，2013）。

目前应用最广泛的生态系统服务评估模型是 InVEST 模型。该模型由自然资本项目（Natural Capital Project）支持开发，用于定量评估多种生态系统服务（Tallis et al.，2011）。为综合关于生态系统服务的生物物理信息与经济信息，以在适当的尺度进行生态系统保育和自然资源决策，InVEST 模型结合了一系列基于生态生产函数和经济评估方法的模型，其主要特性包括：关注生态系统服务而非生态过程，空间显性，情景驱动，可灵活处理数据与知识，可以同时产出生态系统服务的生物量与价值量等。Tallis 和 Polasky（2009）在运用 InVEST 模型进行评估时主要考虑了两个空间要素：土地景观的空间格局与空间异质性对其提供生态系统服务的影响，以及不同生态系统服务可提供的空间尺度。InVEST 模型能够识别每个栅格单元对某类生态系统服务的贡献量。此外，在强调每个空间栅格对生态系统服务的贡献时，必须将可以生产生态系统服务的空间尺度纳入考虑范围，某些生态系统服务，如花粉传播及部分水生态服务功能只在区域尺度上进行提供，而气候调节功能是全球尺度上提供。InVEST 模型中的每个模型组能够寻求合适的尺度以估算生态系统服务所带来的收益，如授粉模型使用本地传粉者的觅食距离以确定评估的尺度，而大气是全球尺度的，因此固碳模型假定树木生长在任何一个空间栅格上以提供生态系统服务。InVEST 模型由一系列模块和算法组成，采用 InVEST 模型可对区域的生态系统服务进行空间动态评估及情景模拟，但模型模拟过程也存在一些局限性，包括部分算法和生态过程的过度简化，缺少不确定性分析模块等（Sharp et al.，2014）。因此，InVEST 模型还需要不断优化算法，以增加模拟生态系统服务形成过程与机理的准确性，完善模型不确定分析，以提高评估结果的精度。

由美国佛蒙特大学开发的 ARIES 模型主要通过人工智能和语义建模以集成相关算法和空间数据，对具体的生态系统服务的供给、使用和空间传输运动进行模拟计算和空间制图，其优势在于增加了生态系统服务运动过程和相关主体（源、汇、使用者）的动态分析（Villa et al.，2014），局限性在于该模型仍处于开发阶段，目前只适用于其研究案例覆盖区。但该模型总体评估精度较高，开发完成后应用前景良好。其他生态系统服务评估模型还包括 SolVE 模型、MIMES 模型、EPM 模型、InFOREST 模型、Envision 模型、EcoMetrix 模型、EcoAIM 模型及 ESValue 模型等。黄从红等（2013）探讨了以上生态系统服务评估模型的特征、适用范围、数据需求及模型评估结果不确定性等问题，表明以上模型在模拟精度及决策支持等方面具有不同的优势。但目前大部分尚处于发展阶段，区域适用性及可推广性有待增强。

生态系统服务评估模型通过将土地利用信息与监测数据、统计数据及模拟数据等连接，可基于不同时空尺度对生态系统服务的空间动态变化进行评估。生态系统提供服务的能力在很大程度上取决于自然条件，如自然土地覆盖（其中植被最重要）、水文、土壤条件、海拔、坡度和气候，并由于人类引起的土地利用和气候变化并随时间和空间变化。因此，对生态系统服务进行评估时，所有相关信息与数据应在时空尺度及空间分辨率上尽可能详尽。生态系统服务评估模型的选取及本土化应用是生态系统服务量化—权衡—决策的重要环节，关系到本地数据及信息的适用性和参数的修正。综合比较各类生态系统服务评估模型，ARIES、SolVE 等模型开发尚未完善，缺乏在国内应用的案例，而 InVEST 模型能够有效利用研究区数据，适用范围广，已在国内外得到广泛的应用（Nelson et al.，2010；杨园园等，2012；余新晓等，2012；Leh et al.，2013），是生态系统服务空间动态定量评估的重要工具，评估结果可为有关部门管理和决策提供依据。

2.2 生态系统服务动态驱动机制分析

基于生态系统服务的定量评估，生态系统服务空间动态变化的驱动机制解析是生态系统服务研究的重要内容之一，研究过程中需要对驱动力进行辨析，并基于模型方法量化不同驱动力的作用机制。

2.2.1 生态系统服务变化的驱动力

生态系统服务的空间动态变化存在复杂的驱动机制，包含多尺度、多层次的自然及人文类驱动力的影响。MEA（2003）将引起生态系统变化的因素定义为驱动力，并将其分为直接驱动力和间接驱动力。其中，直接驱动力主要指物理、化学及生物方面可直接影响生态系统过程变化的驱动因素，如土地利用变化、气候变化、空气和水污染、灌溉、化肥施用、收获，以及引入外来种等；而间接驱动力主要指社会经济政策等方面的可通过作用于直接驱动力而影响生态系统服务变化的因素，包括人口增长、经济发展及科技进步等。降同昌等（2010）在解析生态系统服务功能变化的驱动力研究中，将驱动力按照属性差异分为自然驱动力和人文驱动力。其中自然驱动力是指对生态系统服务形成与演变过程起直接作用的自然驱动因素，主要包括气候、土地利用、地貌、水文和土壤等；人文驱动力是指影响生态系统服务形成和变化的人类活动行为，主要包括各类社会经济驱动因素，如人口增长、农业生产、城镇化、资源开发利用及生态政策制定等。直接驱动力和间接驱动力，自然驱动力和人文驱动力在不同尺度与层次上都共同影响着生态系统服务的变化。

在众多自然驱动因子中，土地利用可以通过改变生态系统类型、格局及生态过程影响生态系统服务，对生态系统服务具有重要影响（Foley et al.，2005；Metzger et al.，2006；Costanza et al.，2014）。土地利用变化可直接引起区域多种生态系统类型及其空间格局的巨大变化，进一步导致生态系统结构、过程及功能的变化，最后直接影响生态系统中的生态系统服务的供给。因此，开展生态系统服务空间动态变化对土地利用变化响应的研究具有十分重要的意义。目前，已有许多学者将土地利用类型和生态系统类型对应起来，进行土地利用驱动的区域生态系统服务价值变化的研究（Kreuter et al.，2001；Wang et al.，2006；Lawler et al.，2014），如 Kreuter 等（2001）基于 Landsat MSS 影像首先识别了美国圣安东尼奥地区三个时期的六大类土地利用的变化，进一步估算了该地区不同生态系统服务价值对土地利用变化的响应；李屹峰等（2013）基于 InVEST 模型评估了北京密云水库流域的产水量、土壤保持及水质净化对土地利用变化的响应以及对生态系统服务功能的影响。

随着研究学者对生态系统服务空间动态变化驱动机制研究的不断深入，生态系统的研究正逐步向机理深化、社会经济、自然综合评价等多维方向不断发展。研究学者也逐渐关注人文因素（也称为人文因子）对生态系统服务变化的影响，以探讨人文过程与生态系统服务功能演化的协同关系，寻求区域生态系统保护和恢复的社会经济和人文途径。例如，Ehrlich 和 Daily（1993）指出人口、技术发展及社会富裕程度是生态系统服务变化的主要人文因子；MEA（2005b）认为影响生态系统服务的主要人文驱动因子有人口增长、GDP 增长及技术进步等。张彩霞等（2008）对比分析了人类活动对纸坊沟流域不同年份的生态服务价值的影响，结果表明不合理的政策导向、淡薄的生态保护意识及人口增长导致流域内生态系统服务价值降低；苏常红（2011）基于相关分析研究了人类活动综合因子对延河流域生态系统服务的影响，结果表明，人类活动干扰的强弱显著影响区域的水源涵养和土壤保持服务；Wu 等（2013）分析了土地利用变化和社会经济发展要素对杭州大都市区的生态系统服务价值变化的贡献率，结果表明土地利用变化与社会经济发展共同作用导致该地区生态系统服务价值减少了 24.04%。人类社会经济活动不断增加，各类政策因素、自然资源开发利用及相应的生态系统的保护与恢复等都已成为区域生态系统变化的驱动力量（傅伯杰，2010）。

2.2.2　生态系统服务变化的驱动机制刻画

对生态系统服务动态变化的驱动机制的定量刻画主要基于以下两种方法。

（1）基于模型模拟对比不同情景下的结果估算各驱动因子对生态系统

服务变化的影响，主要采用的模型包括：①生态系统模型。DeFries 等 (1999) 利用遥感数据获得的植被分布信息，结合 CASA（Carnegie-Ames-Stanford Approach Model）模型预测了土地覆盖变化造成的生态系统碳循环的变化；Schröter 等 (2005) 采用一系列生态系统模型和关于气候与土地利用变化的情景预测了欧洲 21 世纪生态系统服务的供给，发现典型的气候和土地利用变化导致生态系统服务供给的变化。生态系统模型是生态系统结构、过程、功能与服务方面科学认知的高度概括和定量化总结成果。基于生态系统模型能够从过程机理上解释驱动因子对生态系统服务的影响 (傅伯杰，2010)，但这种方法难以同时考虑多个不同驱动因素的影响 (Evans and Geerken，2004；Wu et al.，2014)。②生态系统服务模型。InVEST 模型和 ARIES 模型不仅可以定量评估及空间刻画生态系统服务，也可以定量分析不同情景下土地利用变化导致的生态系统服务的时空变化 (Tallis and Polasky，2009；Villa et al.，2009)。③生态水文过程模型。针对干旱区生态系统服务评估，水文过程是影响生态系统服务的重要因素，生态系统的恢复与管理依赖于水文调控，而生态水文过程模型能够精确地描述复杂的水文过程，为评估水文生态系统服务输出重要指标 (林波，2013)。以 SWAT 模型和 VIC（Variable Infiltration Capacity）模型为代表的传统水文模拟工具，主要关注生态系统服务的驱动力 (Vigerstol and Aukema，2011)。其中，SWAT 模型被认为在流域生态系统服务评估与变化响应分析方面具有很大的应用潜力 (Vigerstol and Aukema，2011)，其主要优势在于能够较为全面地将气候、地形、植被覆盖及流域管理措施等流域特征因子考虑在内，考察生态水文过程对不同驱动因子变化的响应 (Schmalz and Fohrer，2010)。

　　(2) 基于数理统计模型分析生态系统服务动态变化与其驱动因子之间的关系，侧重提取主要的社会经济和自然驱动因子与生态系统服务变化的统计关系以解释不同区域及尺度的生态系统服务变化时空过程。例如，黄从红 (2014) 利用多元回归分析法分析了降雨、土地覆被等对生态系统服务的影响；吴迎霞 (2013) 采用冗余梯度分析方法探讨生态系统服务与驱动因子之间的关系；Hou 等 (2014) 基于驱动力—压力—状态—影响—响应（DPSIR）模型定量分析了社会经济因子对生物多样性和生态系统服务的影响。数理统计分析在特定层次或尺度能够有效解释生态系统服务变化的驱动机制。值得注意的是，由于生态系统服务的变化受多种驱动力的共同影响，每一种驱动力都对生态系统服务产生一定的影响，且各类驱动力之间的作用不是独立的，而是受到其他驱动力的制约，如导致生态系统服务变化的不是气温、降雨、人口增长等因素的单独作用，而是由各类因素共同作用形成的综合影响，因此在进行生态系统服务变化驱动力研究时，应从综合角度出发分析具体的驱动力。此外，生态系统变化驱动因子十分复杂，如气候变化、土壤质量、人口增长、经济发展、政策变化等自然因子与人文因子，这些驱动因子的量化层次不同，如气温、降雨等自然因子多为基于地理空间层次（如栅格尺度、小流域尺度或区域尺度）影响生态系统服务的变化，而人类社会经济活动及政策决策等人文因子的量化是以行政边界为基础的，其驱动作用是基于行政区层次的对生态系统服务产生影响。由于各种驱动力在不同时空尺度与层次对生态系统服务产生影响，因此在考虑驱动力的综合性影响的同时，还需要考虑驱动力的尺度和层次特征（降同昌等，2010）。

尺度主要指研究主体或者过程空间范围的大小或时间跨度的长短，层次表示在某一个特定尺度与社会背景下的组织或管理的层次性，如农户层次、乡镇层次与市级层次（Gibson et al.，2000；Overmars and Verburg，2006）。不同因子在不同层次上的驱动机理存在差异，忽略驱动因子的层次效应会导致错误的模型和结论，如将低层次的驱动因子聚合到高层次进行驱动机制分析，不能解释低层次的驱动机制，否则将导致"生态学谬误"，即使用高层次分析单位得出的结论也不能直接适用于推测低层次分析单位的研究（Robinson，1950；Easterling，1997）。相反，若将高层次驱动因子分解至低层次进行驱动力分析，将导致低层次模型估计时对驱动因子的显著性过分自信，造成统计检验的第一类错误，即虚无假设事实上成立，但统计检验的结果不支持虚无假设（Snijders and Bosker，1999；Polsky and Easterling，2001）。

生态系统服务变化是不同层次驱动因素共同作用的结果，如何在微观层次研究生态系统服务变化的驱动机制的同时考虑其所处的宏观层次背景环境的影响，从统计上解决层次效应对微观变量参数估计的偏差是具有挑战性的。与传统的回归模型相比，多层次模型在分析具有层次结构的数据方面有很大的优越性（Snijders and Bosker，1999）。多层次模型已被熟练应用于生态系统服务相关的土地利用变化的驱动机制研究中（Overmars and Verburg，2006；Jiang et al.，2012；López‐Carr et al.，2012），而国内外已有部分研究学者将多层次模型应用到生态系统服务变化的研究中，如 Batemand 和 Jones（2003）利用多层次模型分析了英国林地文化服务价值的驱动机制；Yan 等（2015）利用多层次模型估计了黑河流域下游的社会经济因子与自然气候等因子对该区域 NPP 的影响。

　　总体而言，目前国内外关于生态系统服务动态变化的驱动机制的研究取得了硕果，然而多集中于单一层次的一般回归与统计分析，能够大致了解不同驱动因子对生态系统服务变化的影响。而如何对生态系统服务变化进行分层次驱动因子分析，从而从不同层次考察自然因子与人文因子对生态系统服务变化的驱动机制的研究有待进一步深入。

2.3　生态系统服务权衡分析

　　根据国内外现有生态系统服务权衡研究方法的学科来源、理论基础和技术平台差异，生态系统服务权衡分析法分为 4 类：空间制图与统计分析法、模型评估分析法、多目标分析法及生产前沿分析法。

2.3.1　空间制图与统计分析法

　　空间制图与统计分析法是定性分析生态系统服务权衡关系的方法之一（Carreño et al.，2012；Jia et al.，2014），是揭示生态系统服务权衡时空尺度特征的重要方法，基于 GIS 的空间制图工具被广泛应用于对生态系统服务指标的计算，并通过空间叠加分析、地图运算等空间处理，可视化分析其空间特征，识别生态系统服务权衡的类型（Kirchner et al.，2015）。例如，Maes 等（2012）基于 GIS 空间制图与相关分析解析了欧洲地区多种生态系统服务与生物多样性之间的权衡关系；Maskell 等（2013）基于空间制图与配对相关分析识别了土壤碳储存与 NPP 之间的权衡关系。可见，基于空间制图的相关分析成为识别单一生态系统服务功能的重要手段（Maskell et al.，2013）。此外，有学者认为生态系统服务的权衡关系不仅存在于单一生态系统服务之间，也存在于不同生态系统服务簇（ecosystem service bundles）之间（Haines - Young et al.，2012）。为分析不同生态系统服务簇之间的权衡关系，基于空间制图的聚类分析成为有效的工具（Raudsepp - Hearne et al.，2010）。然而，基于空间制图的统计分析较少考虑土地利用管理、社会经济等驱动因素对权衡关系的影响（Kirchner et al.，2015）。

2.3.2　模型评估分析法

相比于空间制图与统计分析法，模型评估分析法不仅支持生态系统服务变化的空间量化（Huber et al.，2013），还融合不同学科的数据与模型，以厘清人类活动与生态系统服务之间相互作用的复杂关系及其对生态系统服务权衡关系的影响（Falloon and Betts，2010；Laniak et al.，2013）。近年来，不同学者开发了不同的生态系统服务评估模型，并应用于生态系统服务权衡关系分析。如 ARIES 模型基于生态系统服务供给、需求和流动路径之间的空间叠加分析，对生态系统服务需求矛盾和服务供给之间的空间权衡关系进行解析，用于指导生态系统服务权衡管理（Villa et al.，2014）。另外，InVEST 模型作为基于生态生产过程进行生态系统服务评估和权衡的综合模型，也被广泛用于权衡分析。例如，Nelson 等（2009）利用 InVEST 模型厘清了美国威拉米特河流域不同土地利用情景下的生物多样性保护与生态系统服务之间的权衡关系；Zheng 等（2016）以水资源保护与农业发展矛盾突出的北京密云水库流域为对象，采用 InVEST 模型和情景分析方法，定量研究了流域不同土地利用情景下多种生态系统服务的相互作用关系，揭示了农业发展和河岸带保护相结合，能同步提升生态系统水资源供给、水质净化、土壤保持和农产品供给服务水平，表明科学的土地利用规划可以有效协调生态系统产品供给和调节服务的权衡关系，促进区域可持续发展。此外，Jackson 等（2013）则指出 InVEST 模型多用于低精度大尺度的模拟，为此开发出了 Polyscape 工具，用于分析田间至小流域尺度的土地利用管理决策下不同生态系统服务的空间权衡关系；Briner 等（2013）开发了 ALUAM（Alpine Land Use

Allocation Model) 模型，并应用该模型评估了瑞士阿尔卑斯山地区不同情景下的食物供给、自然灾害防护、碳储存及生物多样性之间的空间权衡关系。

评估模型的开发与应用已经取得较大的进步，然而由于生态系统服务的空间异质性，开发高精度、多尺度、多区域的生态系统服务权衡分析的综合模型仍存在研究发展空间 (Crossman et al.，2013)。此外，目前的生态系统服务权衡模型多从环境因子参数变化对生态系统服务生产与供给影响的角度探讨生态系统服务之间的权衡关系，而对解释生态系统服务权衡关系的驱动机制和动态变化有待进一步深入 (戴尔阜等，2016)。

2.3.3　多目标分析法

生态系统管理过程中不可避免面临不同利益相关者的价值与目标的矛盾冲突，导致生态系统管理决策过程的复杂化 (Sanon et al.，2012)。多目标分析法常用来权衡不同利益相关者的关系，适用于多用途且复杂的系统分析，在生态系统服务权衡分析中可以综合考虑生态与社会经济目标，权衡不同服务功能、不同利益相关者之间的冲突，寻求生态与经济目标的妥协方案，抑制和降低消极影响 (Huang et al.，2011；Fontana et al.，2013)。多目标分析法在不同学科领域已得到广泛应用，近期也多被应用于解决生态系统管理中的问题 (Daily et al.，2009；Nelson et al.，2009)。例如，Cheung 和 Sumaila (2008) 运用多目标分析法解析了在热带海洋生态系统管理过程中生态保护与社会经济发展目标的权衡关系；Nguyen 等 (2015) 将多目标分析法与 GIS 技术相结合，提出空间多目标分析法，融合了生态、环境与经济等多目标，逐步分析具有空间特征的诊断因子对各个目标的影响；Vollmer 等 (2016) 进一步提出了空间多目标分析的四步法，主要包括情景设计、生态系统服务定量评估与制图、偏好权重设定及目标优化，为生态系统管理提供了有效的决策支持工具。然而，多目标分析方法主要分析生态系统中供给型生态系统服务的经济效益在不同环境、市场、政策条件下的权衡关系 (Bradford and D'Amato，2012；Deines et al.，2013)，对于难以价值化的支持或调节服务的权衡关系的分析重视不足。此外，由于目标设定、权重分配等问题，容易造成决策的不确定性，从而影响权衡分析的结果（Schwenk et al.，2012）。

2.3.4 生产前沿分析法

空间制图与统计分析法及模型评估分析法主要基于遥感提供的大范围实时更新的数据源与 GIS 空间分析平台，应用空间分析算法（如相关分析）对生态系统服务类型间的相互关系进行定性判别。然而，定量化的生态系统服务权衡分析研究相对较少。生态系统服务权衡的目标是使所有服务的总体效益最佳，因此从经济学角度估算生态系统服务的总体效益和价值变化有助于定量研究生态系统服务之间的联系，探寻模型拐点对生态系统管理可操作空间的指示意义。为定量化生态系统服务之间的权衡关系，近年来，经济学中的生产理论被发展应用于分析生态系统服务的生产及权衡（Naidoo and Ricketts，2006；Barbier，2007）。生产理论作为微观经济学分支，主要用于解决生产过程中不同生产投入之间的权衡关系以达到生产效益的最大化（Varian and Repcheck，2010）。生产理论不仅可用于分析具有市场价值的生态系统服务之间的权衡关系，也可分析非市场价值的生态系统服务之间的权衡关系（Chee，2004）。由于生态系统服务的生产过程属于多投入多产出性质，而一般的生产函数不能解决多投入多产出情形下的权衡关系，因此基于帕累托效用理论的生产前沿分析法被广泛应用于分析不同生态系统服务之间的权衡关系（Polasky et al.，2008；Bekele et al.，2013；Mastrangelo and Laterra，2015）。Lester 等（2013）回顾了基于经济学理论的生态系统服务权衡分析的相关研究，根据两种生态系统服务数量变化的生产前沿面的形状总结了 6 种生态系统服务相互作用的类型。每种类型的相互作用的分析只涉及两种生态系统服务之间的作用关系，是可视化表达生态系统服务权衡关系的最简洁的方式，但模型中的概念与逻辑可广泛应用于多种生态系统服务权衡分析之中（Cavender‐Bares et al.，2015）。

生态系统服务权衡关系研究是当前生态系统服务变化研究的热点，采用不同的权衡关系分析方法可从不同角度揭示生态系统之间复杂的相互关系。其中，空间制图与统计分析法、模型评估分析法及多目标分析法都已被国内外学者广泛采用，主要运用地理学和生态学相关理论研究生态系统服务权衡的时空特征及区域特征；国外学者近些年也积极尝试结合经济学相关理论和方法，利用生产前沿分析法对生态系统之间的关系进行刻画。目前，国内学者较少运用生产前沿分析法对各项生态系统服务之间的权衡关系进行定量分析，因此对生态系统服务权衡的研究需要进一步深入到生态系统服务地理化与社会经济化相结合的研究中（戴尔阜等，2016）。

第3章　研究区概况及数据来源

3.1　研究区概况

3.1.1　黑河流域概况

黑河流域是位于我国西北干旱区的第二大内陆河流域，发源于青海祁连山北麓中段，介于东经 $97°30' \sim 102°40'$，北纬 $37°30' \sim 42°30'$，涉及青海省、甘肃省及内蒙古自治区共 11 个县（区、旗），流域面积约 13 万 km^2（图 3 - 1）。黑河流域包括东、中、西三个子水系，其中东部子水系为黑河干流水系，黑河干流从祁连山发源地到内蒙古居延海全长 821km。黑河流域地势复杂，整体地势南高北低，从南至北以莺落峡、正义峡为界，分为上、中、下游，跨越高山冰川、平原绿洲、戈壁沙漠三种不同的自然类型区。

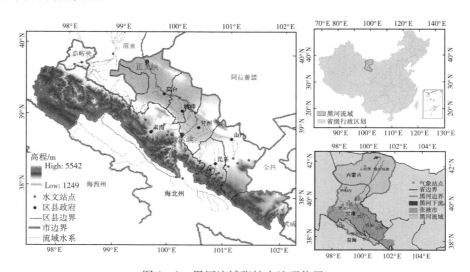

图 3 - 1　黑河流域张掖市地理位置

　　黑河流域是西北地区重要的经济发展区域，出山口莺落峡以上为流域上游，海拔 3 000～5 542m，为祁连山构造演化山区，地势高亢，沟谷深切，水资源丰富，气候阴湿寒冷，年平均降水量 200～500mm，是黑河流域径流的涵养与补给区，出山口莺落峡多年平均径流量为 15.8 亿 m³，包括青海祁连县与甘肃肃南裕固族自治县（以下简称肃南县）部分，为黑河流域主要牧业区。莺落峡至正义峡区间为流域中游，海拔 1 400～1 700m，为山前凹陷性质构造河西走廊平原区，地势平坦，水热资源充足，年平均降水量约为 120mm，包括甘肃省张掖市甘州区、山丹县、民乐县、临泽县、高台县、嘉峪关市及酒泉市肃州区等，分布着重要的绿洲农业区，农业灌溉及城镇生产生活用水成为中游径流的主要消耗。正义峡以下至居延海为流域下游，海拔约 900m，包括边缘断陷构造的金塔盆地和阿拉善台隆凹陷额济纳盆地，年平均降水量仅约为 50mm，大部分为沙漠戈壁，属于径流消失区，生态环境脆弱，其包括的甘肃金塔县与内蒙古额济纳旗的生态环境直接影响着我国北方的沙尘暴形成。黑河流域的社会经济发展与生态保护关系到我国西北内陆区甚至全国的生态安全。

3.1.2　张掖市概况

　　张掖市地处东经 97°20′～102°12′，北纬 37°28′～39°57′，东西长 465km，南北宽 148km，地势东南高西北低，海拔为 1 249～5 542m，区内有高山、中山、低山丘陵和走廊平原等地貌单元，山地、丘陵占总面积的 61.6%，走廊平原占总面积的 38.4%。张掖市位于黑河中游，东邻武威市和金昌市，西接酒泉市和嘉峪关市，南与青海省海西蒙古族藏族自治州及海北藏族自治州毗邻，北与内蒙古自治区阿拉善盟相接。张掖市辖甘州区、临泽县、高台县、山丹县、民乐县和肃南县六县（区），总面积约 4.2 万 km²（图 3-1）。

　　按照地形地貌特征张掖市可分为祁连山区、走廊平原区、北部荒山区。祁连山区位于张掖市南部，由一系列平行山岭和山间盆地组成，海拔为 2 000～5 500m，占全区总面积的 52.2%。海拔 4 200m 以上地区终年积雪，为天然的"高原固体水库"；海拔 2 600～3 600m 的地区林茂草丰，是主要的水源涵养区。走廊平原区是南部祁连山洪积扇，向北逐渐延伸而形成的洪积—冲积平原区，海拔为 1 300～2 000m，占全区总面积的 38.3%，地势平坦，光热资源丰富。北部荒山区占全区总面积的 9.5%，海拔为 2 100～3 616m，降雨极其稀少，仅为 50～100mm，蒸发强烈，蒸发量在 2 500mm 以上。该地区极端干旱，不利于植物的生长，植被以荒漠草场和沙漠戈壁为主。肃南县处于祁连山区，其他五县（区）位于黑河流域莺落峡至正义峡之间的中游走廊平原区和北部荒山区，绿洲、荒漠、戈壁、沙漠断续分布，是河西走廊的重要组成部分。张掖市光热资源充足，昼夜温差大，是黑河流域社会经济发展及农业生产的主要区域，其土地利用及生态水文过程受人类活动扰动影响较大，是进行土地利用—生态系统服务—社会经济耦合机制研究的理想区域。

1. 自然环境特征

（1）气候条件

张掖市除祁连山区属高寒半干旱气候外，其他地区属温带大陆性干旱气候，受中高纬度西风带环流、极地冷气团和青藏高原、内蒙古高原的共同作用，形成气候干燥，降雨稀少而集中，辐射充足且蒸发强烈的气候特征。黑河流域内气象观测站点分布较少，主要包括黑河流域上游的祁连、托勒、野牛沟，中游的高台、山丹、张掖、酒泉及下游的金塔、鼎新、梧桐沟、吉诃德、额济纳，共 12 个气象站点（图 3-1）。

基于黑河流域中上游地区气象站点观测资料的统计分析显示，张掖市区内山地与平原地区降雨与气温差异较大。根据上游山地地区祁连、野牛沟、拖勒 3 个国家级气象观测站点 1980—2015 年的气象资料分析，上游地区多年的平均气温为 -2.6～1.5℃，年平均降水量为 314～432mm。而根据中游地区高台、山丹、张掖和酒泉 4 个国家级气象观测站点 1980—2015 年的气象资料分析，中游地区多年平均气温达到 7.1～8.2℃，而降水量则为 88～205mm（表 3-1）。基于气象站点观测资料按月统计分析显示，张掖市年内气温具有明显的季节性，而年内降水量分配不均匀，具有明显的雨季和旱季。张掖市的高温天气主要出现在 5—9 月，月平均气温为 10～20℃，1 月气温最低，7 月气温最高，中游地区气温明显高于上游地区［图 3-2（a）］。张掖市雨季主要集中于 5—9 月，雨季的降水量占全年降水量的 80%～90%，最大降水量出现在 7 月；10 月至次年 4 月为旱季，旱季的降水量仅占全年降水量的 10%～20%，其中 11 月至次年 2 月几乎无降雨 [图 3 - 2（b）]。张掖市全区日照时数充足，区内年日照时数平均约为 2 946.3h，相对湿度平均约为 51.4%，平均风速约为 2.1m/s，无霜期 112～145d。

表 3 - 1　黑河流域中上游地区 1980—2015 年气候指标统计特征

站点名称		平均降水量/mm	年均温度/℃	平均最高温度/℃	平均最低温度/℃	平均相对湿度/%	平均风速/m/s	平均日照时数/h
上游	祁　连	420.0	1.5	10.5	−5.4	53.1	1.9	2 826.7
	托　勒	313.6	−2.1	7.0	−9.6	51.0	2.3	2 995.9
	野牛沟	431.6	−2.6	6.8	−9.8	58.5	2.6	2 688.1
中游	高　台	109.9	8.2	16.4	1.4	53.1	1.8	3 099.9
	山　丹	204.7	7.1	15.1	0.7	45.9	2.3	2 876.1
	张　掖	129.8	7.9	16.2	1.0	50.9	2.0	3 075.0
	酒　泉	88.4	7.9	15.3	1.4	47.0	2.1	3 062.2

注：数据来源于中国气象局 1980—2015 年气象站点观测资料。

　　基于 1980—2015 年气象站点观测的气温、降雨日值数据，应用数理统计分析及克里金法（Kriging）对张掖市的年际及空间气候变化特征进行分析的主要结果如下。

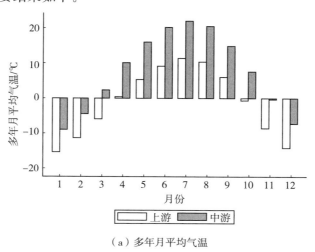

（a）多年月平均气温

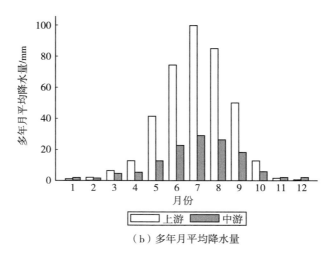

（b）多年月平均降水量

图 3-2　黑河流域中上游地区 1980—2015 年多年月平均气温与降水量

注：数据来源于中国气象局 1980—2015 年气象站点观测资料。

①气温与降水量的时序变化分析。由于张掖市内包括山地及平原等不同地形，山区的气象指标在很大程度上受到地形的影响，因此针对张掖市的气温插值需要考虑地形的作用。本研究利用全国 1∶1 000 000 数字高程模型（Digital Elevation Model，以下简称 DEM），以海拔高度每上升100m 气温降低 0.65℃的温度递减率为依据，对气温进行了 DEM 校正，与直接插值相比，DEM 校正的数据与实际情况更为相符。对插值生成的1980—2015 年张掖市气温与降水量进行采样与统计分析，结果显示张掖市多年平均气温和平均降水量呈波动上升趋势，其中气温的增加趋势约为0.44℃/10a，年降水量的增加趋势约为 8.34mm/10a（图 3-3）。

②气温与降水量的空间变化分析。由图 3-4（a）可知，张掖市的年平均气温大体从东南向西北方向呈递减趋势，表现为带状分布。南部海拔较高的祁连山地为低温中心，多年平均最低气温为－4.4℃，高温中心在张掖市北部地区，多年平均气温约为 8.4℃，气温中值地区集中在张掖市中部地区。通过对张掖市 1980—2015 年的增温趋势进行空间分析发现［图 3-4（b）］，张掖的增温趋势大体自东向西，由南向北方向逐渐增强，增温区的高值出现在张掖市高台、临泽与甘州地区，增温趋势为 0.6～

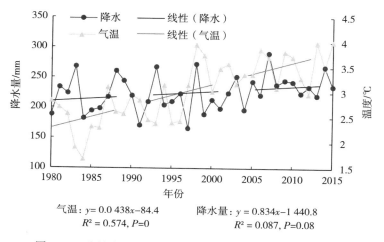

气温：$y = 0.0438x - 84.4$　　　降水量：$y = 0.834x - 1440.8$
$R^2 = 0.574, P = 0$　　　　　　$R^2 = 0.087, P = 0.08$

图 3-3　张掖市 1980—2015 年平均气温与降水量变化趋势

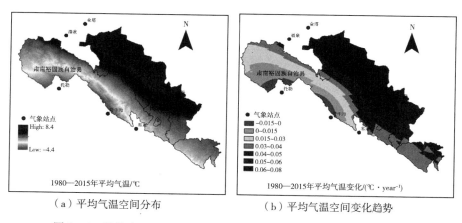

（a）平均气温空间分布　　　　　（b）平均气温空间变化趋势

图 3-4　张掖市 1980—2015 年平均气温空间分布及其空间变化趋势

0.8℃/10a，张掖市西部和南部的托勒与野牛沟附近地区出现微弱的降温趋势，降温趋势为 -0.15～0℃/10a。

由图 3-5（a）可知，张掖市近 30 多年的平均年降水量稀少而且空间分布不均匀，呈明显的带状变化趋势，低值中心在张掖市北部地区，平均年降水量为 70mm 左右，高值中心在南部的野牛沟、祁连地区，平均年降水量为 428mm 左右。通过对张掖市 1980—2015 年的平均年降水量的增加趋势进行空间分析发现［图 3-5（b）］，张掖市整体年降水量均有所增加，且自北向南其增加趋势逐渐明显，张掖市北部的高台地区为低值增加区域，平均增值为 3～5mm/10a，高值中心集中在张掖市西南部的托勒、野牛沟地区，平均增值为 10～13mm/10a。张掖市的降水量增加趋势表现为在南部降水量的高值地区增加幅度较大，在北部降水量较少的地区增加趋势较弱。

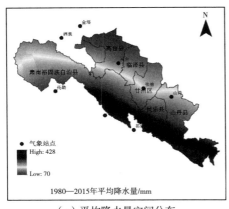
（a）平均降水量空间分布

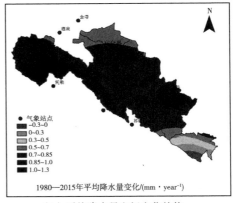
（b）平均降水量空间变化趋势

图 3-5　张掖市 1980—2015 年平均降水量空间分布及其空间变化趋势

（2）水文状况

黑河流域水系主要发源于上游祁连山地，分布大小河流 30 多条。按上、中、下游划分，上游包括八宝河与甘州河，为主要产流区；河流流经莺落峡水文站进入中游地区张掖河西走廊，中游包括梨园河、山丹河、洪水河、摆浪河等，为径流耗散区；径流经过正义峡流入下游金塔县与阿拉善平原，分为东居延海和西居延海。从地表水系上可分为东、中、西三大子水系。东部子水系包括黑河干流、梨园河以及其他 20 多条小河流，黑河干流于莺落峡出山口流向中游绿洲区，最终归于西居延海；中部子水系包括马营、丰乐河等小河水系，最终流向明花—高台盐池；西部子水系主要由讨赖河（北大河）和洪水坝河组成，最终归于金塔盆地（图 3-6）。三大子水系之间基本没有地表水力联系，存在较为微弱的地下水力联系。张掖市主要受东部子水系黑河干流影响，黑河干流于莺落峡出山口进入张掖，由于受到强烈的人文因素的扰动，黑河干流径流年内分配变化较为明显，黑河干流流经正义峡的下泄水量也出现相应的变化。

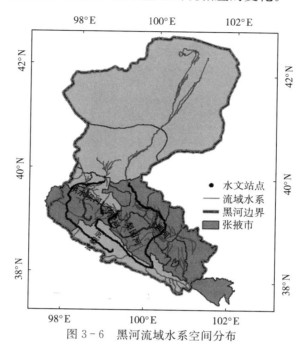

图 3-6 黑河流域水系空间分布

（3）土壤植被状况

张掖市土壤类型的形成受河流冲积物、风沙物质、地形气候及人类活动的共同影响，土壤类型及其空间分布相对复杂。基于全国土壤普查的中国土壤类型空间分布数据，依照传统的"土壤发生分类"系统，张掖市的土壤类型可分为半淋溶土、钙层土、干旱土、漠土、初育土、半水成土、水成土、盐碱土、人为土、高山土、湖泊水库、江河、冰川雪被共13个土纲，30个土类，48个亚类（图3-7）。位于上游祁连山区的肃南县主要分布高山土、钙层土和半淋溶土，其中高山土主要土类包括草毡土、黑毡土、寒钙土、冷钙土及寒冻土，钙层土主要土类包括栗钙土和黑钙土，半淋溶土主要土类包括灰褐土和褐土。张掖市的平川及北部地区自东向西的土壤形成过程有逐渐向荒漠化发展的趋势，其中游地区主要分布有漠土（灰漠土和灰棕漠土）和人为土（灌漠土）。此外在山丹县、民乐县一带主要分布有栗钙土和灰钙土，高台县与临泽县多分布有初育土，其中主要包括红黏土、新积土、龟裂土、风沙土、石质土和粗骨土。

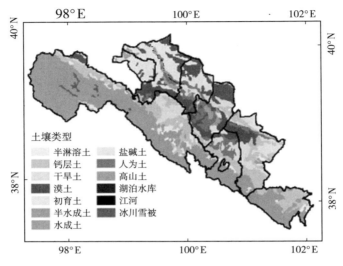

图 3-7　张掖市土壤类型空间分布

　　受海拔地势、水热条件、气候及土壤条件的影响，张掖市的植被水平空间分布由东向西，自南向北具有明显的带状分布特征，不同的海拔区域分布着高山植被、灌丛、草原和荒漠等植被类型（图 3-8）。位于上游祁

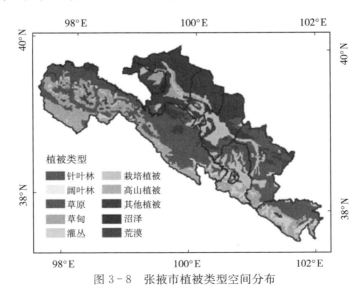

图 3-8　张掖市植被类型空间分布

连山区的肃南县植被类型主要为山地森林、灌丛和草原，植被类型丰富，密度高，是黑河流域水源涵养和径流调节的重要功能区；位于流域中游的张掖市的其他县区为河西走廊平原绿洲区，主要为人工灌溉绿洲，因此植被类型主要以人工栽培植被为主，是流域内重要的农业生产地区。此外，中游地区的县区自东向西的自然植被分布呈现由草原带向荒漠带过渡的特点，如民乐县和山丹县内还包括较多的草原分布，而甘临高地区则分布着灌木荒漠和灌丛荒漠，草原及荒漠植被对该地区的水土资源与生态环境具有一定的保护作用。

2. 社会经济特征

张掖市是黑河流域主要的农牧业经济发展区，属于典型的干旱农业绿洲区，素有"塞外江南""金张掖"之称。张掖市 2014 年总人口为 129.68 万人，其中非农业人口 35.71 万人，农业人口 93.97 万人，乡村劳动力人数 61.49 万人，约占农业总人口的 65.44%。全市总人口主要集中在绿洲农业区，处于祁连山区北麓的肃南县的人口较为稀疏（表 3-2）。随着社会经济与城镇化的逐步发展，张掖市非农业人口呈现快速增长趋势，其中甘州区、山丹县及肃南县的城镇化趋势最为显著，临泽县、民乐县及高台县的城镇化趋势较为缓慢（图 3-9）。

表 3-2 张掖市 2014 年主要社会经济指标

地区	年末总人口/万人	非农业人口占比/%	乡村劳动力/万人	国民生产总值/亿元	三产结构比
张掖市全域	129.68	27.54	61.49	362.04	25:33:42
甘州区	50.65	35.92	22.86	148.16	23:26:51
肃南县	3.81	31.83	1.36	30.14	15:63:22
民乐县	24.57	16.56	13.01	44.09	30:35:35
临泽县	14.90	16.36	7.32	47.42	27:35:38
高台县	15.74	17.82	8.04	50.39	32:33:35
山丹县	20.01	34.98	8.90	41.83	21:32:47

注：数据来源于甘肃发展年鉴（2015）。

张掖市所在的绿洲经济区域是黑河流域的粮食主产区和经济较发达地

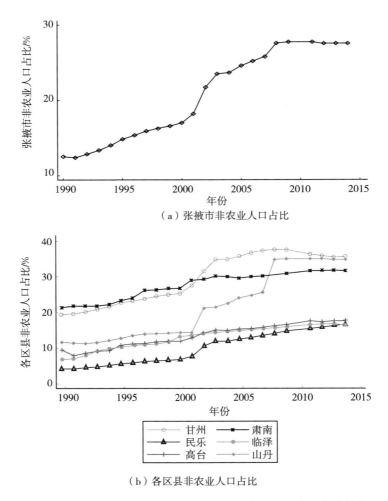

（a）张掖市非农业人口占比

（b）各区县非农业人口占比

图 3-9　张掖市及各区县 1990—2014 年非农业人口占比变化趋势

注：数据来源于甘肃发展年鉴（2015）。

区。张掖市土地资源丰富，土壤肥沃，地势平坦，为传统灌溉农业区，农业生产历史悠久，主要种植作物包括小麦、玉米、油料、蔬菜等，畜牧业主要以绵羊为主。张掖市农业耕地面积从 1990 年的 18.58 万 hm² 上升到 2014 年的 23.67 万 hm²（图 3-10）。2014 年，张掖市以占甘肃省 7.46% 的耕地，提供了甘肃省 11% 的粮食、11.75% 的小麦、10.56% 的玉米、7.63% 的油料、9.54% 的蔬菜、11.49% 的肉类，是甘肃省乃至全国的重要

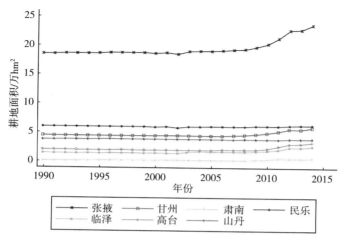

图 3-10　张掖市及各县区 1990—2014 年农业耕地面积变化趋势

商品粮、油、肉、蔬菜生产基地。张掖市 GDP 从 1990 年的 12.89 亿元增长
为 2014 年的 362.04 亿元，其中的第一产业、第二产业、第三产业产值的结
构从 1990 年的 53：20：26 发展到 2014 年的 25：33：42 [图 3-11（a）]，
各县第一产业比重也呈现明显下降趋势 [图 3-11（b）]，这表明张掖市
逐步实现从传统的农业发展为主的经济结构格局向第二产业、第三产业发
展为主的产业相对均衡发展的经济结构格局转移。

3. 水资源利用概况

　　张掖市绿洲农业区为黑河流域内水资源集中利用的地区。其水资源开
发利用与绿洲演变在西北干旱内陆河地区具有典型性。其水资源利用状况
对黑河流域中下游的水量消耗分配关系具有重要影响。作为传统的灌溉农
业经济区，张掖市的社会经济可持续发展与地区的水资源利用息息相关。
以水定土、以水定产背景下的水资源供给成为张掖市绿洲农业区经济发展
的决定性因素。随着人口的增长、生产力技术的提升、经济发展水平的日
益提高，张掖市的水消费量也逐渐增加，水资源量的有限性和水资源需求
的不断上升构成张掖市社会经济发展的重要瓶颈。地区生产生活用水量的
不断增加导致社会经济用水矛盾突出，生态用水被大量挤占，对黑河流域
生态系统的稳定性造成影响。由水资源供需矛盾、水资源利用结构矛盾、
水资源流域矛盾、水资源的社会经济生态矛盾构成的区域水问题成为地区

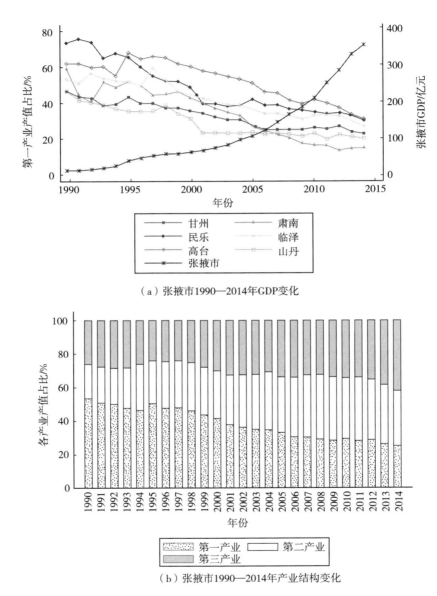

（a）张掖市1990—2014年GDP变化

（b）张掖市1990—2014年产业结构变化

图 3-11　张掖市 1990—2014 年 GDP 及产业结构变化趋势

注：数据来源于甘肃发展年鉴（2015）。

面临的最主要困境。

张掖市主要用水为农业灌溉用水，尤其是高耗水低效益的小麦和玉米的农业生产用水量较大，工业、生活及生态用水比例较低。2014 年张掖市各部门总用水量达 24.12 亿 m³，其中农业用水量为 21.47 亿 m³，非农业用水量（包括工业用水量、生活用水量和生态用水量）仅占用水总量的 11%。从县区划分来看，甘州区用水量最高，达 8.3 亿 m³，肃南县用水量最少，仅为 1.12 亿 m³，临泽县、高台县、民乐县及山丹县的用水量分别为 4.69 亿 m³、4.32 亿 m³、4.07 亿 m³ 及 1.63 亿 m³（表 3-3）。从张掖市用水量的变化趋势可以看出，张掖市的总体用水量呈现缓慢上升的趋势，多年以来农业用水量相对稳定，平均占全市总用水量的 85% 以上，生态用水量占比自 2005 年后呈现不断下降趋势，工业用水比例仍然较低（图 3-12）。张掖市用水结构不合理，农业用水比例过高，区域农业水资源利用效率较低，供需矛盾突出。

表 3-3 张掖市 2014 年各区县的各行业用水量

单位：$10^8 m^3$

地区	甘州区	临泽县	高台县	山丹县	民乐县	肃南县	全市
总用水量	8.30	4.69	4.32	1.63	4.07	1.12	24.12
其中：农业用水	7.42	4.01	3.91	1.43	3.86	0.84	21.47
工业用水	0.18	0.06	0.08	0.06	0.07	0.11	0.57
生活用水	0.29	0.05	0.08	0.06	0.08	0.05	0.61
生态用水	0.41	0.56	0.25	0.08	0.06	0.11	1.47
其中：地表水	6.14	4.00	3.16	1.06	3.56	0.50	18.43
地下水	2.16	0.69	1.15	0.57	0.51	0.62	5.69

注：数据来源于张掖市人民政府官网。

自 20 世纪 60 年代以来，黑河流域中游张掖地区人口迅速增长，绿洲面积不断扩大，用水量逐年增加。黑河干流的正义峡下泄至下游的水量自 70 年代开始显著减少，其下泄流量占莺落峡来水量的比例从 1970 年的 73.2% 锐减至 2000 年的 45.7%，导致黑河流域下游生态环境不断恶化。为了恢复黑河流域下游的生态环境，2000 年，国务院批复黑河干流水量分配方案，在黑河流域实施水资源统一调度，展开黑河流域综合治理，并

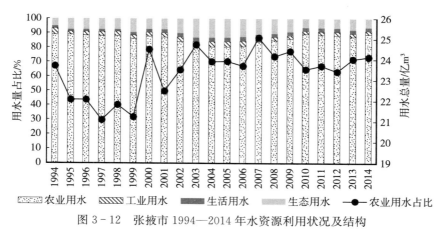

图 3-12 张掖市 1994—2014 年水资源利用状况及结构

保证向下游额济纳旗定量分水。自 2000 年分水方案实施以来，莺落峡来水量有略微的上升趋势，正义峡下泄水量占来水量的比例呈现不断上升趋势，基于莺落峡和正义峡水文站点径流量之差测算的区间耗水量有下降的趋势（图 3-13）。黑河分水方案的实施使中游张掖市的水资源短缺的矛盾更加突出。如何在水资源约束条件下维持社会经济可持续发展成为张掖市亟须解决的问题。

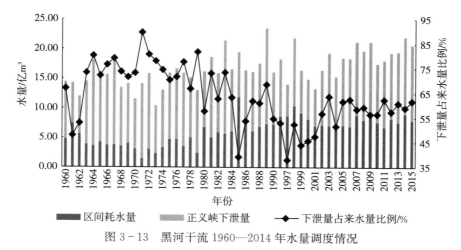

图 3-13 黑河干流 1960—2014 年水量调度情况

注：数据来源于黑河流域管理局，黑河流域莺落峡及正义峡长时间序列逐旬径流数据，黑河计划数据管理中心，2015.

4. 主要生态问题

张掖市是一个被戈壁沙漠包围的绿洲，降水量少而蒸发量大，水资源短缺问题较为严重，生态环境较为脆弱。21 世纪初，黑河流域生态恶化局面和突出的用水矛盾问题日益严峻，随着 2000 年黑河干流水量跨省区统一调度实施，黑河中游张掖市面临水量管控，截至 2014 年，张掖市累计向下游分水 156.97 亿 m³，下游生态环境得到明显改善，而张掖市的水土资源的合理开发利用面临更加严峻的挑战。耕地为张掖市最重要的土地利用模式，张掖市集中关闭取水口并不能阻止灌区对水资源的使用，随着社会经济发展和人口的增加，大规模的水土资源开发利用导致绿洲面积不断扩张，大量垦荒造成草地面积大幅度减少。同时，由于黑河近期治理的分水方案，张掖市用水总量受到严重限制，分给中游的水量仅占平均来水总量的 40%，难以满足灌区生产、生活用水需求，且未充分考虑中游生态用水。用水量逐渐增加与不合理的产业结构加剧了水资源供需矛盾，生态用水被挤占，加之缺乏有效的水资源管理，张掖绿洲地下水开采量逐年上升，地下水位下降，进一步出现严重生态环境退化问题，如土地沙漠化、人工绿洲萎缩、植被退化等，严重制约和威胁绿洲的生态健康与经济社会可持续发展。

3.2　主要数据来源及说明

为满足研究需求，笔者对相关的数据和资料进行了充分的收集和整理，主要包括土地利用数据、地面气候观测数据、土壤数据、植被 NPP 遥感产品数据、社会经济数据、DEM 数据与基础地理信息数据及其他自然条件数据等。

3.2.1　土地利用数据

本研究收集的土地利用数据来源于中国科学院资源环境科学数据中心的土地利用数据集，获取了 20 世纪 80 年代末期（1990 年）、2000 年、2010 年、2015 年四期数据。数据生产制作上，以 20 世纪 80 年代末到 21 世纪初 Landsat TM/ETM 遥感影像为基本数据源，按照国家土地利用分类方法，结合刘纪远等在建设"中国 20 世纪 LUCC 时空平台"建立的 LUCC 分类系统（Liu et al.，2014），通过人机交互式解译的方式获取。该数据集的土地利用类型涵盖了耕地、林地、草地、水域、建设用地和未利用地六大类，并细分为 25 个二级类型土地利用（表 3-4）。

表 3-4　土地利用分类系统

一级类型		二级类型		一级类型		二级类型	
编号	名称	编号	名称	编号	名称	编号	名称
1	耕地	11	水田	4	水域	45	滩涂
		12	旱地			46	滩地
2	林地	21	有林地	5	建设用地	51	城镇用地
		22	灌木林			52	农村居民点
		23	疏林地			53	其他建设用地
		24	其他林地	6	未利用土地	61	沙地
3	草地	31	高覆盖度草地			62	戈壁
		32	中覆盖度草地			63	盐碱地
		33	低覆盖度草地			64	沼泽地
4	水域	41	河渠			65	裸土地
		42	湖泊			66	裸岩石质地
		43	水库坑塘			67	其他
		44	永久性冰川雪地				

3.2.2　气象数据

本研究使用的气象数据来源于中国气象局常规气象台站日值观测记录，数据格式为普通文本格式。本研究收集了全国 700 多个气象站点 1980—2015 年的日尺度观测数据，其中包括黑河流域上游（托勒、祁连、野牛沟）、中游（山丹、张掖、高台、酒泉）及下游（额济纳旗、金塔、鼎新、梧桐沟、吉河德）共 12 个气象站点，应用克里金法对部分气象要素进行了空间化。收集到的观测气象数据主要包括每日的气温（包括平均气温、最高气温和最低气温）、气压（包括平均气压、最高气压和最低气压）、相对湿度（包括平均相对湿度和最小相对湿度）、降水量

（包括晚 8 时至早 8 时降水量、早 8 时至晚 8 时降水量和晚 8 时至次日晚
8 时累计降水量）、蒸发量（包括小型蒸发量和大型蒸发量）、风速和风
向（包括平均风速和风向、最大风速和风向、极大风速和风向）以及日
照时数。

3.2.3　土壤数据

土壤数据是生态系统服务评估模型的重要输入参数，本研究中的土壤
数据来自寒区旱区科学数据中心提供的基于世界土壤数据库（Harmo-
nized World Soil Database，HWSD）的中国土壤数据集，空间分辨率为
1km。世界土壤数据库由联合国粮食及农业组织（Food and Agriculture
Organization of the United Nations，以下简称 FAO）和国际应用系统分
析研究所（IIASA）构建，中国境内数据源为第二次全国土地调查南京土
壤所提供的 1∶1 000 000 土壤数据。数据库中包括的属性主要有土壤参考
深度、土壤砂粒含量、粉粒含量、黏粒含量、土壤有机质含量、碎石体积
百分比、土壤电导率等。

3.2.4　陆地生态系统植被 NPP 遥感数据

美国国家航空航天局（National Aeronautics and Space Administra-
tion of the United States，以下简称 NASA）于 1999 年发射了具有中分辨
率成像光谱仪传感器（Moderate - resolution Imaging Spectroradiometer，
以下简称 MODIS）的 TERRA 极地轨道环境遥感卫星，其对地监测产品
中提供了 2000 年以来全球地表 1km 空间分辨率的陆地植被年 NPP 产品
（MOD17A3）。MOD17A3 NPP 产品是利用参考 BIOME - BGC 模型与光
能利用率模型建立的 NPP 估算模型模拟得到的陆地生态系统年 NPP
（Zhao and Running，2010）。相对于 NASA 提供的年 NPP 数据，由
Running et al.（1999）领导的美国蒙大拿大学 MOD17 研发团队
（Numerical Terradynamic Simulation Group，NTSG）提供的 MOD17A3
产品进一步消除了云对植被叶面积指数和光合有效辐射值的影响，提高了
数值精度（Running et al.，1999）。

本研究还采用了 MODIS 陆地正弦投影网格编号为 h25v05 和 h26v05

的 2000—2015 年的所有 MOD17A3 产品数据，影像数据波段选取 NPP 1km，并基于 MODIS 数据处理软件 MRT（MODIS Reprojection Tools）和 Cygwin 平台对 MODIS 数据进行数据提取、批量拼接，并把 HDF 格式的源 NPP 数据转换为 GEOTIFF 格式，最后基于 Python 对拼接后的影像进行投影转换与裁切处理，得到张掖市的 NPP 分布。

3.2.5　社会经济数据

本研究主要收集了张掖市各县区 1989—2014 年的人口和 GDP 等社会经济发展指标及各县区的农业生产投入与产出情况指标（表 3-5），这些社会经济数据主要来源于甘肃省统计年鉴。

表 3-5　张掖市主要社会经济指标

社会经济发展	农业生产
年末总人口/万人	年末实有耕地面积/hm²
农业人口/万人	有效灌溉面积/hm²
非农业人口/万人	农业机械总动力/kW
农民人均纯收入/元	化肥施用量/t
财政收入/万元	农村用电量/(kW·h⁻¹)
财政支出/万元	地膜使用量/t
乡村劳动力/人	总播种面积/hm²
其中：农林牧渔业劳动力/人	粮食播种面积/hm²
GDP/万元	粮食总产量/t
第一产业增加值/万元	粮食单产/(kg·hm⁻²)
第二产业增加值/万元	分作物播种面积（小麦、玉米、棉花、油料等)/hm²
第三产业增加值/万元	分作物总产量（小麦、玉米、棉花、油料等)/t
农业总产值/万元	大牲畜数/头
种植业总产值/万元	肉类总产量/t
林业总产值/万元	
牧业总产值/万元	
渔业总产值/万元	
副业总产值/万元	

3.2.6　其他数据

本研究所需要的其他数据包括 DEM 数据、基础地理信息数据及其他自然环境数据。其中，高程数据 SRTM（Shuttle Radar Topography Mission）DEM 数据来自寒区旱区科学数据中心。SRTM 是由美国 NASA 和美国国家地理空间情报局（NGA）合作建立的全球三维图形数据项目，黑河流域 SRTM DEM 数据集包括分幅图和镶嵌图两种数据，其中分幅图为 SRTM 第四版数据由 CGIAR - CSI（国际热带农业中心）处理，其使用了大量的插值算法与更多的辅助 DEM 数据来填补空白点和空白区（Jarvis et al.，2008）。基础地理信息数据包括行政区划、河流水系分布，来自寒区旱区科学数据中心。另外有区位条件数据记录了每个空间栅格单元到最近国家干线公路、省会城市、水域及港口的距离，该类数据基于国家 1∶250 000 基础地理地图提取的国家干线公路、省会城市、水域及港口的分布情况，利用距离测算工具测算生成。其他自然环境数据包括土壤类型和植被状况等数据，来源于中国科学院环境科学数据中心。

第4章　土地利用时空动态变化分析

　　土地利用变化及其生态环境效应是全球变化研究的热点。土地利用变化是自然因素和人类活动共同作用的结果。对物质循环、能量流动等生物物理及生物化学过程引发的生态过程变化，以及对全球生态系统、气候系统、社会经济系统等产生重要影响的分析，是自然过程与人文过程交叉最为密切的研究领域。解析土地利用变化的驱动机制，模拟预测不同情景下未来土地利用结构与格局演替是研究土地利用导致的一系列生态环境效应的基础，对于协调人与自然的可持续发展具有重要意义（Foley et al.，2005；Asselen and Verburg，2013；Celio et al.，2014）。

　　土地利用变化的研究范围广泛，具备不同的时空尺度，大到全球尺度，小到国家、省及县级等尺度；既解析历史时期土地利用变化，又分析现状并预测未来土地利用结构与空间格局；不仅包括自然生态环境因子，也融合人类活动与社会经济发展要素。土地利用系统的复杂性决定了进行土地利用变化分析需要运用多学科交叉方法。目前，随着土地利用变化研究的深入及"3S"技术（即 GIS、遥感、全球定位系统）的发展，土地利用变化分析主要以遥感影像解译为基础，基于 GIS 平台分析特定历史时段区域土地利用变化的趋势、幅度、过程及空间差异特征，其中常用的方法有指数模型、动态度分析、转移矩阵、相对变化率及景观特征指数等模型，以解析土地利用类型的变化数量和趋势、变化速率、地类转移及变化空间特征等来揭示土地利用变化的时空特征（朱会义和李秀彬，2003；Dale and Kline，2013；Liu et al.，2014）。

　　土地利用动态变化是人类活动对自然环境最为深刻的影响结果。其在空间上表现为土地利用类型的空间格局随时间变化的动态演变过程，实质是人类为满足自身生产生活需要而在一定时间和空间尺度上对土地的利用方式的改变，反映了人类社会经济活动的变化发展趋势。区域土地利用动态变化特征解析是研究土地利用变化的区域生态环境效应的基础。此外，土地利用变化是一系列复杂因素相互作用驱动的结果，不仅受人文因素的驱动作用，也受自然条件如气候要素变化的影响。深入分析土地利用动态变化的时空特征并从多尺度解析土地利用变化影响因素的驱动机制，可以加强对一定时间段内的区域生态环境的变化程度和方向的认识，对于土地利用管理和维持区域生态可持续发展具有重要意义。

4.1　张掖市土地利用分布特征

本研究采用基于遥感影像解译的张掖市 1990 年、2000 年、2010 年和 2015 年四个时期土地利用数据，探讨 25 年来张掖市土地利用动态变化的特征。从土地利用结构来看，张掖市土地利用类型以草地与未利用地为主，2015 年草地和未利用地的面积占比分别为 37.50% 和 37.02%，二级土地利用类型中的高覆盖度草地、中覆盖度草地、低覆盖度草地分别占草地总面积的 21.87%、34.43% 及 43.69%。其次为耕地和林地，其中耕地面积占比为 11.24%，林地面积占比为 10.95%（表 4-1）。

表 4-1　张掖市 2015 年土地利用结构

土地利用类型	耕地	林地	草地	水域用地	建设用地	未利用地	总计
面积/km²	4 474	4 357	14 928	889	420	14 737	39 805
百分比/%	11.24	10.95	37.50	2.23	1.06	37.02	100.00

从土地利用空间格局来看，张掖市土地利用空间格局特征显著，林地、草地多集中于水田、旱地黑河流域上游的肃南县，其中林地主要分布于山地，而草地分布于耕地与林地的过渡地带；城镇用地则集中分布于黑河流域中游的山前绿洲平原区；戈壁、裸土地等未利用地多分布于绿洲与荒漠过渡地区的高台县和临泽县的北部地区（图 4-1）。张掖市的土地利用结构和空间格局体现了其区域性的高寒草甸—平原绿洲—干旱荒漠的特色景观格局。

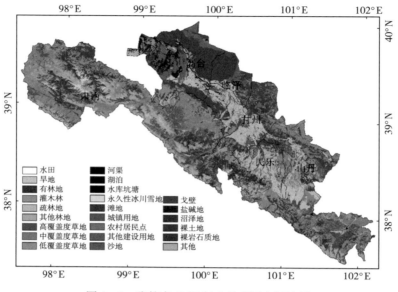

图 4-1　张掖市 2015 年土地利用空间格局

4.2　张掖市土地利用结构动态变化

4.2.1　土地利用变化幅度

　　张掖市位于西北干旱区，生态环境脆弱敏感，多年来，随着社会经济的发展，人类生产活动强度持续加大，导致土地利用格局发生显著变化。对区域土地利用类型面积的变化分析可以提供土地利用变化的总趋势和土地利用结构的变化。本研究根据获取的张掖市土地利用数据，基于 GIS 技术的支持，通过对不同时期土地利用的空间分析和栅格计算，得到 1990 年、2000 年、2010 年和 2015 年张掖市各类土地利用面积和比例的变化。总体来看，张掖市 1990—2015 年土地利用变化主要表现为绿洲耕地和城市用地规模显著扩张，林地面积扩张幅度有限，其中耕地面积增加了 775km²，建设用地面积增加了 101km²，林地增长量较少，仅增长了 7km²。张掖市的草地、水域用地和未利用地面积则出现不同幅度的减少，其中草地面积减少了 271km²，水域用地面积减少了 18km²，未利用地面积减少了 594km^2（表 4-2）。

表 4-2　张掖市 1990—2015 年土地利用结构及变化

土地利用类型	1990 年		2015 年		1990—2015 年
	面积/km^2	百分比/%	面积/km^2	百分比/%	变化量/km^2
耕地	3 699	9.29	4 474	11.24	775
林地	4 350	10.93	4 357	10.95	7
草地	15 199	38.18	14 928	37.50	-271
水域用地	907	2.28	889	2.23	-18
建设用地	319	0.80	420	1.06	101
未利用地	15 331	38.51	14 737	37.02	-594
总计	39 805	100	39 805	100	0

从不同时期发展阶段来看，张掖市土地利用结构变化具有以下特征：
不同时间段里张掖市的土地利用类型发生了不同程度的变化，从图 4-2
和图 4-3 可以看出，按变化幅度的明显程度，依次为耕地、未利用地、
草地和建设用地，面积变化率最大的是建设用地，其次为耕地。张掖市主
要的生产用地为耕地，1990—2015 年，张掖市耕地面积处于持续扩张中
且扩张率持续上升，1990—2000 年、2000—2010 年和 2010—2015 年三个
时间段分别扩张了 222km^2（6%）、253km^2（6.45%）和 300km^2（7.19%），
25 年间的总体扩张率达 20.95%，说明该地区的绿洲面积在不断扩大，人
类对耕地的开垦强度持续变大。25 年间张掖市土地利用面积变化率最大
的是建设用地，其中 1990—2000 年为 4.85%，2000—2010 年为 4.47%，
2010—2015 年增长率大幅度上升，达到 20.20%，总体扩张率达到
31.66%。这是因为张掖市建设用地的基数较小，经济发展带动建设用地
不断扩张，可见张掖市的城镇扩张速度较快。草地和未利用地是张掖市的
主要土地利用类型，草地面积一直呈现减少趋势，1990—2000 年、
2000—2010 年和 2010—2015 年面积减少量分别为 172km^2、54km^2 和 44km^2，
但由于草地面积基数大，相应的三个阶段的面积变化率分别为 -1.13%、
-0.36% 和 -0.30%，可以看出其草地减少的趋势在逐渐减缓。主要因为
该地区实施了相应的生态环境治理政策，对草地实施退牧还草等保护措

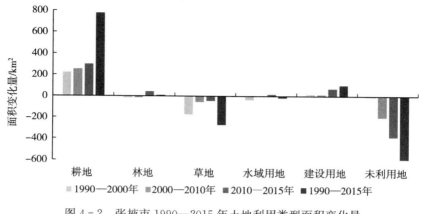

图4-2 张掖市1990—2015年土地利用类型面积变化量

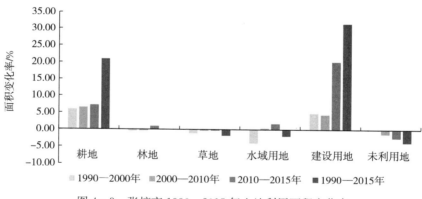

图4-3 张掖市1990—2015年土地利用面积变化率

施。未利用地面积也呈现逐年下降趋势，1990—2000年、2000—2010年和2010—2015年的面积减少量分别为10km²、200km²和384km²，其减少速度越来越快，其面积变化速率分别为−0.06%、−1.31%和−2.54%，可见张掖市加强了对未利用地的开发。林地面积一直占总面积的11%左右，表现为在稳定中呈现少量的增长趋势，这主要受到该地区的退耕还林政策的影响。水域用地总面积占全区总面积的比例很小，1990—2000年为张掖市水域面积减少情况最为严重的阶段。2000年后，由于张掖市实施黑河水资源综合治理工程，水域面积实现少量增长，但总体趋势仍为减少，1990—2015年总的面积变化率为−2.01%。

4.2.2　土地利用变化动态度

土地利用变化动态度能够反映区域土地利用的变化速度，可用于对比不同时段的土地利用变化的差异，主要分为单一土地利用动态度和综合土地利用动态度。

1. 单一土地利用动态度分析

单一土地利用动态度主要测量某一类土地利用类型在一定时间内的变化速率，其测算公式如下：

$$K_i = \frac{L_{(i,T_2)} - L_{(i,T_1)}}{L_{(i,T_2)}} \times \frac{1}{T_2 - T_1} \times 100\% \qquad (4-1)$$

式中，K_i 表示某种土地类型的土地利用动态度，$L_{(i,T_1)}$ 和 $L_{(i,T_2)}$ 分别表示某种土地利用类型在研究阶段初期和末期的面积，T_1 和 T_2 分别表示起始和结束的时间节点。

图 4-4 反映了张掖市不同时间段的单一土地利用动态度计算结果。可以看出，张掖市六大类土地利用在三个时间段的动态度变化处于 -1~5，动态变化程度绝对值较小。相对来看，各类土地利用动态度方面，建设用地的动态度最大，1990—2000 年、2000—2010 年和 2010—2015 年的动态度分别为 0.48%、0.45% 和 4.04%，1990—2015 年总体的动态度为 1.27%；耕地的动态度次之，1990—2000 年、2000—2010 年和 2010—2015 年的动态度分别为 0.60%、0.65% 和 1.44%，总体动态度为 0.84%；水域用地和未利用地的动态度也相对明显，前者三个时间段对应的动态度分别为 -0.41%、0.04% 和 0.35%，后者三个时间段对应的动态度分别为 -0.01%、-0.13% 和 -0.51%，两类用地在 1990—2015 年的总体动态度分别为 -0.08% 和 -0.16%；林地和草地的动态度相对较小，林地总体呈现动态上升趋势，草地则总体呈现动态下降趋势，其下降速率有先减缓后又微弱上升的趋势，三个时间段的动态度分别为 -0.11%、-0.04% 和 -0.06%。总体来看，耕地和建设用地均显著高于其他土地利用类型，进一步反映出张掖市过去 25 年来土地利用变化显著，以耕地和建设用地快速扩张、草地和未利用地减少为主。

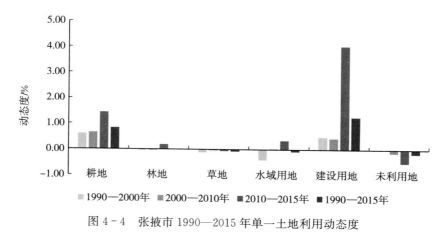

图 4-4　张掖市 1990—2015 年单一土地利用动态度

2. 综合土地利用动态度分析

综合土地利用动态度反映一定时间段内区域土地利用数量的总体变化情况，其计算公式如下：

$$R_i = \frac{\sum\limits_{i=1}^{n} |L_{(i,T_2)} - L_{(i,T_1)}|}{\sum\limits_{i=1}^{n} L_{(i,T_1)}} \times \frac{1}{2 \times (T_2 - T_1)} \times 100\% \quad (4-2)$$

式中，R_i 表示综合土地利用动态度，$|L_{(i,T_2)} - L_{(i,T_1)}|$ 表示研究时间段内第 i 类土地利用转为非 i 类土地利用的面积的绝对值，$L_{(i,T_1)}$、$L_{(i,T_2)}$、T_1 和 T_2 的含义与式（4-1）相同。

根据式（4-2）计算得到张掖市 1990—2000 年的综合土地利用动态度为 0.06%，2000—2010 年的综合土地利用动态度为 0.068%，2010—2015 年的综合土地利用动态度为 0.215%，1990—2015 年的综合土地利用动态度为 0.089%。可见总体上来看张掖市 1990—2015 年，每年每 100km² 的土地有 0.089km² 的土地利用类型发生了转变。动态度反映了人类对土地利用的干扰程度，干扰程度越大，土地利用动态度越高，土地利用变化越剧烈。对比三个时间段的综合土地利用动态度可以看出，2000 年后，由于黑河流域实施黑河干流水量统一调度，张掖市 2000—2010 年及 2010—2015 年的综合土地利用动态度高于 1990—2000 年的综合土地利用动态度，表明黑河干流水量统一调度后，张掖市的土地利用程度整体加大，人类活动对土地利用变化的影响与日俱增。

4.3　张掖市土地利用空间格局变化

4.3.1　土地利用转移矩阵

单纯分析土地利用结构的动态变化难以反映土地利用的内部结构变化和空间变化差异。为分析张掖市不同时期土地利用类型的相互转移和变化特征，一般采用转移矩阵分析方法，从而得出各类土地利用的转移去向和来源。基于 GIS 技术支持，通过对不同时期的土地利用栅格图进行空间叠加运算，可以得出张掖市各时期土地利用类型的转移矩阵，进而分析土地利用变化的过程。转移矩阵的模型如下：

$$\boldsymbol{A} = \left\{ \begin{array}{cccccc} A_{11} & A_{12} & \cdots & A_{1j} & \cdots & A_{1n} \\ A_{21} & A_{22} & \cdots & A_{2j} & \cdots & A_{2n} \\ \vdots & \vdots & \vdots & \vdots & \vdots & \vdots \\ A_{i1} & A_{i2} & \cdots & A_{ij} & \cdots & A_{in} \\ \vdots & \vdots & \vdots & \vdots & \vdots & \vdots \\ A_{n1} & A_{n2} & \cdots & A_{nj} & \cdots & A_{nn} \end{array} \right\} \qquad (4-3)$$

式中，A 表示面积转移矩阵；A_{ij} 表示 T 时期的 i 种土地利用类型转为 $T+1$ 时期的 j 种土地类型的面积。转移矩阵的具体计算方式为基于地图代数原理，对两期土地利用栅格图 A_T 和 A_{T+1}，采用地图代数方法进行栅格计算，可以得出张掖市 T 期到 $T+1$ 期的土地利用转移图 C_{xy}，其计算公式如下：

$$C_{xy} = L_{xy}^T \times 10 + L_{xy}^{T+1} \qquad (4-4)$$

式中，C_{xy} 表示坐标（x，y）处的土地利用栅格转移类型编码，如耕地转化为林地，则 C_{xy} 为 12；L_{xy}^T 为时间节点 T 的坐标（x，y）处栅格的土地利用类型，L_{xy}^{T+1} 为同一栅格下一时间节点 $T+1$ 的土地利用类型。土地利用转移图直观表达了土地利用变化的转移类型及其分布，基于此可以进行进一步的栅格统计得出反映土地利用类型转移定量关系的转移矩阵。此外，基于转移矩阵可以进一步计算 T 时期 i 种土地利用类型转移为 $T+1$ 时期 j 种土地利用类型的百分比 Out_{ij}，其计算公式如下：

$$Out_{ij} = A_{ij} \times \frac{100}{\sum_{i=1}^{n} A_{ij}} \qquad (4-5)$$

同时，也可以计算 $T+1$ 时期 j 种土地利用类型由 T 时期 i 种土地利用类型转移而来的百分比 In_{ji}，其计算公式如下：

$$In_{ji} = A_{ji} \times \frac{100}{\sum_{j=1}^{n} A_{ji}} \qquad (4-6)$$

利用以上公式，基于张掖市 1990 年、2000 年、2010 年和 2015 年四期土地利用栅格数据，利用地理空间分析模块，分别将两个时期的栅格图像叠加分析，得到张掖市六大类土地利用变化转移矩阵（表 4-3 至表 4-6）。

表 4-3　张掖市 1990—2000 年土地利用转移矩阵

转移矩阵		2000 年土地利用						转出面积/ km²	1990 年 总计
		耕地	林地	草地	水域用地	建设用地	未利用地		
	耕地	3 645.98	0	37.19	0.88	14.55	0.34	52.96	3 698.94
	Out	98.57	0	1.01	0.02	0.39	0.01		100
	In	92.99	0	0.25	0.10	4.35	0		
	林地	7.79	4 324.83	14.27	0.07	0.00	2.87	25.00	4 349.83
	Out	0.18	99.43	0.33	0	0	0.07		100
	In	0.20	99.85	0.09	0		0.02		
	草地	204.12	5.43	14 973.64	2.17	0.64	13.32	225.68	15 199.32
1990年土地利用	Out	1.34	0.04	98.52	0.01	0.00	0.09		100
	In	5.21	0.13	99.65	0.25	0.19	0.09		
	水域用地	40.14	0	0.54	866.07	0.03	0.22	40.93	907.00
	Out	4.43	0	0.06	95.49	0	0.02		100
	In	1.02	0	0.00	99.53	0.01	0		
	建设用地	0	0	0	0	319.29	0	0.00	319.29
	Out	0	0	0	0	100	0		100
	In	0	0	0	0	95.38	0		
	未利用地	22.83	1.02	1.33	1.01	0.26	15 304.45	26.45	15 330.90
	Out	0.15	0.01	0.01	0.01	0	99.83		100
	In	0.58	0.02	0.01	0.12	0.08	99.89		

（续）

转移矩阵	2000年土地利用						转出面积/km²	1990年总计
	耕地	林地	草地	水域用地	建设用地	未利用地		
转入面积/km²	274.88	6.45	53.33	4.13	15.48	16.75	371.02	
2000年总计	3 920.86	4 331.28	15 026.97	870.20	334.77	15 321.20		39 805.28

注：*In* 表示转移的面积占转入土地利用类型面积的百分比（％）；*Out* 表示转移面积占转出土地利用类型面积的百分比（％）。下同。

表 4 - 4 张掖市 2000—2010 年土地利用转移矩阵

转移矩阵		2010 年土地利用						转出面积/km²	2000 年总计
		耕地	林地	草地	水域用地	建设用地	未利用地		
2000年土地利用	耕地	3 875.76	1.91	28.77	2.02	5.83	6.57	45.10	3 920.86
	Out	98.85	0.05	0.73	0.05	0.15	0.17		100
	In	92.86	0.04	0.19	0.23	1.67	0.04		
	林地	17.57	4 312.70	0.21	0.14	0	0.66	18.58	4 331.28
	Out	0.41	99.57	0	0	0	0.02		100
	In	0.42	99.95	0	0.02	0	0		
	草地	113.45	0.02	14 903.64	2.47	1.52	5.87	123.33	15 026.97
	Out	0.75	0	99.18	0.02	0.01	0.04		100
	In	2.72	0	99.54	0.28	0.43	0.04		
	水域用地	2.40	0	2.56	859.90	0.48	4.86	10.30	870.20
	Out	0.28	0	0.29	98.82	0.06	0.56		100
	In	0.06	0	0.02	98.45	0.14	0.03		
	建设用地	0.34	0	0	0	334.43	0	0.34	334.77
	Out	0.10	0	0	0	99.90	0		100
	In	0.01	0	0	0	95.62	0		
	未利用地	164.31	0.08	37.43	8.90	7.48	15 103.00	218.20	15 321.20
	Out	1.07	0	0.24	0.06	0.05	98.58		100
	In	3.94	0	0.25	1.02	2.14	99.88		
转入面积/km²		298.07	2.01	68.97	13.53	15.31	17.96	415.85	
2010 年总计		4 173.83	4 314.71	14 972.61	873.43	349.74	15 120.96		39 805.28

表 4 - 5　张掖市 2010—2015 年土地利用转移矩阵

<table>
<thead>
<tr><th rowspan="2">转移矩阵</th><th></th><th colspan="6">2015 年土地利用</th><th rowspan="2">转出面积/
km²</th><th rowspan="2">2010 年
总计</th></tr>
<tr><th></th><th>耕地</th><th>林地</th><th>草地</th><th>水域用地</th><th>建设用地</th><th>未利用地</th></tr>
</thead>
<tbody>
<tr><td rowspan="21">2010 年 土 地 利 用</td><td>耕地</td><td>4 087.71</td><td>5.82</td><td>38.95</td><td>3.28</td><td>22.97</td><td>15.10</td><td>86.12</td><td>4 173.83</td></tr>
<tr><td>Out</td><td>97.94</td><td>0.14</td><td>0.93</td><td>0.08</td><td>0.55</td><td>0.36</td><td></td><td>100</td></tr>
<tr><td>In</td><td>91.37</td><td>0.13</td><td>0.26</td><td>0.37</td><td>5.46</td><td>0.10</td><td></td><td></td></tr>
<tr><td>林地</td><td>12.45</td><td>4 272.36</td><td>22.88</td><td>3.49</td><td>0.61</td><td>2.92</td><td>42.35</td><td>4 314.71</td></tr>
<tr><td>Out</td><td>0.29</td><td>99.02</td><td>0.53</td><td>0.08</td><td>0.01</td><td>0.07</td><td></td><td>100</td></tr>
<tr><td>In</td><td>0.28</td><td>98.05</td><td>0.15</td><td>0.39</td><td>0.15</td><td>0.02</td><td></td><td></td></tr>
<tr><td>草地</td><td>117.49</td><td>15.28</td><td>14 766.64</td><td>5.95</td><td>12.84</td><td>54.41</td><td>205.97</td><td>14 972.61</td></tr>
<tr><td>Out</td><td>0.78</td><td>0.10</td><td>98.62</td><td>0.04</td><td>0.09</td><td>0.36</td><td></td><td>100</td></tr>
<tr><td>In</td><td>2.63</td><td>0.35</td><td>98.92</td><td>0.67</td><td>3.05</td><td>0.37</td><td></td><td></td></tr>
<tr><td>水域用地</td><td>5.19</td><td>0.03</td><td>11.45</td><td>837.82</td><td>1.33</td><td>17.61</td><td>35.61</td><td>873.43</td></tr>
<tr><td>Out</td><td>0.59</td><td>0</td><td>1.31</td><td>95.92</td><td>0.15</td><td>2.02</td><td></td><td>100</td></tr>
<tr><td>In</td><td>0.12</td><td>0</td><td>0.08</td><td>94.26</td><td>0.32</td><td>0.12</td><td></td><td></td></tr>
<tr><td>建设用地</td><td>9.98</td><td>0</td><td>1.36</td><td>0.75</td><td>337.24</td><td>0.41</td><td>12.50</td><td>349.74</td></tr>
<tr><td>Out</td><td>2.85</td><td>0</td><td>0.39</td><td>0.21</td><td>96.43</td><td>0.12</td><td></td><td>100</td></tr>
<tr><td>In</td><td>0.22</td><td>0</td><td>0.01</td><td>0.08</td><td>80.22</td><td>0.00</td><td></td><td></td></tr>
<tr><td>未利用地</td><td>241.02</td><td>63.83</td><td>86.96</td><td>37.52</td><td>45.39</td><td>14 646.24</td><td>474.72</td><td>15 120.96</td></tr>
<tr><td>Out</td><td>1.59</td><td>0.42</td><td>0.58</td><td>0.25</td><td>0.30</td><td>96.86</td><td></td><td>100</td></tr>
<tr><td>In</td><td>5.39</td><td>1.46</td><td>0.58</td><td>4.22</td><td>10.80</td><td>99.39</td><td></td><td></td></tr>
<tr><td>转入面积/km²</td><td>386.13</td><td>84.96</td><td>161.60</td><td>50.99</td><td>83.14</td><td>90.45</td><td>857.27</td><td></td></tr>
<tr><td>2015 年总计</td><td>4 473.84</td><td>4 357.32</td><td>14 928.24</td><td>888.81</td><td>420.38</td><td>14 736.69</td><td></td><td>39 805.28</td></tr>
</tbody>
</table>

表 4 - 6　张掖市 1990—2015 年土地利用转移矩阵

<table>
<thead>
<tr><th rowspan="2">转移矩阵</th><th></th><th colspan="6">2015 年土地利用</th><th rowspan="2">转出面积/
km²</th><th rowspan="2">1990 年
总计</th></tr>
<tr><th></th><th>耕地</th><th>林地</th><th>草地</th><th>水域用地</th><th>建设用地</th><th>未利用地</th></tr>
</thead>
<tbody>
<tr><td rowspan="5">1990 年 土 地 利 用</td><td>耕地</td><td>3 537.62</td><td>8.45</td><td>89.06</td><td>4.46</td><td>41.26</td><td>18.09</td><td>161.32</td><td>3 698.94</td></tr>
<tr><td>Out</td><td>95.64</td><td>0.23</td><td>2.41</td><td>0.12</td><td>1.12</td><td>0.49</td><td></td><td>100</td></tr>
<tr><td>In</td><td>79.07</td><td>0.19</td><td>0.60</td><td>0.50</td><td>9.81</td><td>0.12</td><td></td><td></td></tr>
<tr><td>林地</td><td>40.46</td><td>4 264.72</td><td>35.08</td><td>3.70</td><td>0.72</td><td>5.15</td><td>85.11</td><td>4 349.83</td></tr>
<tr><td>Out</td><td>0.93</td><td>98.04</td><td>0.81</td><td>0.09</td><td>0.02</td><td>0.12</td><td></td><td>100</td></tr>
</tbody>
</table>

（续）

转移矩阵		2015 年土地利用						转出面积/km²	1990 年总计
		耕地	林地	草地	水域用地	建设用地	未利用地		
1990 年土地利用	*In*	0.90	97.87	0.23	0.42	0.17	0.03		
	草地	424.56	19.64	14 668.95	9.75	15.80	60.62	530.37	15 199.32
	Out	2.79	0.13	96.51	0.06	0.10	0.40		100
	In	9.49	0.45	98.26	1.10	3.76	0.41		
	水域用地	46.13	0.03	13.36	823.37	1.85	22.26	83.63	907.00
	Out	5.09	0	1.47	90.78	0.20	2.45		100
	In	1.03	0	0.09	92.64	0.44	0.15		
	建设用地	9.44	0	1.36	0.75	307.39	0.35	11.90	319.29
	Out	2.96	0	0.43	0.23	96.27	0.11		100
	In	0.21	0	0.01	0.08	73.12	0		
	未利用地	415.63	64.48	120.43	46.78	53.36	14 630.22	700.68	15 330.90
	Out	2.71	0.42	0.79	0.31	0.35	95.43		100
	In	9.29	1.48	0.81	5.26	12.69	99.28		
转入面积/km²		936.22	92.60	259.29	65.44	112.99	106.47	1 573.01	
2015 年总计		4 473.84	4 357.32	14 928.24	888.81	420.38	14 736.69		39 805.28

4.3.2　土地利用转移总体特征

张掖市 1990—2015 年的土地利用转移动态变化情况在不同阶段具有不同的特征，各类土地利用都存在不同程度的转入和转出的变化。

如表 4-3 所示，1990—2000 年，张掖市发生土地利用转移的面积总量为 371.02km²。从转出角度看，草地转出的总量最多，达到 225.68km²，约占原草地总面积的 1.48%，主要转移为耕地（1.34%）和未利用地（0.09%）；其次为耕地，转出面积为 52.96km²，约占原耕地面积的 1.43%，其中 1.01% 转移为草地，0.39% 转移为建设用地；再者为水域用地，转出面积为 40.93km²，水域用地虽然面积较小，但面积变动率最大，大约有 4.51% 发生了变化，其中 4.43% 转为了耕地；未利用地的转出面积也相对较多，共转出 26.45km²，由于未利用地面积总量大，其转出比例占原未利用地总面积的 0.17%，主要转为水域用地和耕地；林地转出总面积为 25km²，主要向耕地和草地转化；建设用地基本不存在转移为其他土地利用类型的状况。从转入角度看，转移为耕地的面积最多，达到 274.88km²，主要来源于草地（204.12km²），占后期耕地总面积的 5.21%；转移为草地的面积也比较多，达到 53.33km²，主要来源于耕地（37.19km²），占后期草地总面积的 0.25%；转移为未利用地的总面积为 16.75km²，主要来源于草地（13.32km²），占后期未利用地总面积的 0.09%；建设用地整体增加 15.48km²，其中耕地转入为建设用地面积最多，为 14.55km²，占后期建设用地总面积的 4.35%；林地和水域用地转入的面积较少，分别仅有 6.45km² 和 4.13km²。

由表 4-4 可知，2000—2010 年不同土地利用类型之间的转移主要表现为耕地的扩张，其面积的增加主要以未利用地和草地转入为主，相对于 1990—2000 年的转移变化，耕地侵占草地的趋势明显下降，草地转移为耕地的转移总量降至 113.45km²，但仍占后期耕地面积总量的 2.72%，而未利用地转为耕地的趋势上升，未利用地对耕地扩张的贡献面积为 164.31km²，占后期耕地面积总量的 3.94%；耕地的转出同 1990—2000 年相比主要表现为转移成草地，转移为草地的面积为 28.77km²；转入为草地的主要是未利用地（37.43km²）和耕地（28.77km²），而草地共转出 123.33km²，主要去向为耕地开垦（113.45km²）；未利用地增加主要来源于耕地与草地的退化，主要转出为新增耕地的开垦；城镇化建设和居民点扩张导致建设用地进一步扩张，主要来源依旧为未利用地和耕地；林地转入表现为退耕还林，转出主要为林地荒漠化及开垦为耕地。

由表 4-5 可进一步看出，张掖市土地利用转移的动态信息，2010—2015 年，由于张掖市社会经济发展及农业生产活动的加强，土地利用转移主要表现为耕地持续侵占未利用地和草地，从未利用地和草地分别转入 241.02km² 和 117.49km²，耕地扩张的程度与速率较 2000—2010 年明显提升。此外，相对于前两个阶段，虽然本阶段的草地、林地、水域用地及建设用地的转出量有所上升，但是它们的转入面积也都有较高的增长，且主要来源于未利用地的转入，表明该阶段的土地利用转移量相对较大，土地利用结构处于快速调整阶段。

从表 4-6 来看，张掖市 25 年来的土地利用类型发生转移的面积为 1 573.01km²，约占全市总面积的 3.95%，其中草地和未利用地向耕地转移的比例较高，是耕地增加的主要来源。从转出角度看，草地和未利用地转出为耕地的面积为 424.56km² 和 415.63km²，分别占前期草地总面积和未利用地总面积的比例为 2.79% 和 2.71%，从转入角度看，转入为耕地的草地和未利用地的面积占后期耕地总面积的比例分别为 9.49% 和 9.29%。草地在大量被转移为其他用地的同时，也存在其他用地转为草地的情况，其他用地转为草地的总量达到 259.29km²，其中主要的来源为未利用地（120.43km²）和耕地（89.06km²），未利用地转为草地主要是因为当地草原生态保护工程，而耕地转移为草地主要归因于地区用水量紧张下的低产田转变为草地；同时，其他土地利用类型也有部分转移为未利用地，转入为未利用地的面积总量为 106.47km²，主要转入来源为草地（60.62km²）、水域用地（22.26km²）和耕地（18.09km²），说明人类水土资源的不合理导致区域出现耕地撂荒、草地退化及沙漠化等生态环境问题；建设用地作为主要转入的用地，各种其他土地利用类型均有向建设用地转移，建设用地总的转入面积为 112.99km²，其中贡献最大的为未利用地（53.36km²），其次为耕地（41.26km²），分别占后期建设用地总面积的 12.69% 和 9.81%，主要是由于地区城镇化过程中用地扩张及农村居民用地规模的扩大导致对原有的耕地和未利用地的侵占，部分建设用地由于当地环境政策等因素转移为耕地、草地和水域用地，但转移的面积较少。

张掖市土地利用转移矩阵结果表明，张掖市 1990—2015 年的土地利用格局发生了显著变化，未利用地、草地、水域用地面积减少，不同土地利用类型之间的转移主要表现为耕地大量挤占草地和未利用地，反映了人类活动强度的增加及其对生态系统胁迫的加剧。

4.3.3　土地利用转移空间变化分析

基于地图代数计算的土地利用转移类型图可直观表现土地利用变化的类型及其分布，基于计算结果得到张掖市 4 个阶段的土地利用转移空间分布。如图 4-5（a）所示，1990—2015 年张掖市的土地利用转移斑块呈现带状分布，主要分布于绿洲平原的沿河谷地区及灌溉渠系 [图 4-5（b）]

与机井密布［图4-5（c）］地带。根据地图代数计算得到的土地利用转移类型图，进一步进行栅格统计，本研究筛选并排序出各个时间段的主要土地利用转移类型，进一步进行空间制图，以此反映张掖市各时期的主要土地利用转移类型的空间分布，结果如图4-5（d）～（g）所示。

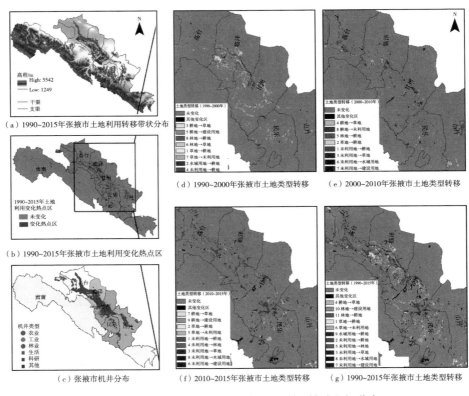

图4-5　张掖市1990—2015年土地利用转移空间分布

由图4-5（d）～（g）可以看出，张掖市各时段的土地利用转移热点区域主要分布于人类活动较为强烈的甘州、临泽、高台、民乐和山丹5个县（区），位于黑河流域上游的肃南县由于地广人稀，受人类活动干扰较小，因此土地利用转移现象较少。此外，由图4-5可以看出，张掖市各时段的土地利用转移类型出现明显的变化，但所有时段里最为明显的是耕地、草地及未利用地之间的相互转化，而且转移图斑都呈现出较为一致的带状分布。

从图 4 - 5（d）中的土地利用转出与转入类型看，1990—2000 年的土地利用转移类型面积总量处于前三位的土地利用转移量占总转移量（317.02km²）的 88.15%，分别为草地转移为耕地（63.93%）、水域用地转移为耕地（12.57%）及耕地转移为草地（11.65%）。草地转移为耕地的图斑主要集中于甘州区与临泽县，另有部分位于民乐县内；水域用地转移为耕地的图斑主要集中于黑河干流的沿河地带；耕地转移为草地的图斑则零散分布于甘州区、山丹县与民乐县，且相对于前两种土地利用类型转移，其转移图斑的总面积较小。2000—2010 年的土地利用转移类型面积总量处于前三位的土地利用转移量占总转移量（415.85km²）的 75.79%，主要的转移类型依次为未利用地转移为耕地（39.51%）、草地转移为耕地（27.28%）及未利用地转移为草地（9%）。由此可以看出，该时段的土地利用转移类型的面积相对平均及多样化。由图 4 - 5（e）可以看出，未利用地转为耕地的图斑主要分布于高台县和山丹县，部分零散分布于甘州区和临泽县；草地转为耕地的图斑零散分布于民乐、甘州和高台 3 个县（区）；未利用地转为草地的图斑主要分布在甘州区和高台县。图 4 - 5（f）显示出 2010—2015 年土地利用转移图斑明显增多，处于前三位的土地利用转移量占总转移量（857.27km²）的 51.96%，主要转移类型与 2000—2010 年相同，依次为未利用地转移为耕地（28.11%）、草地转移为耕地（13.71%）及未利用地转移为草地（10.14%）。由图 4 - 5（f）可以看出，2010—2015 年未利用地转为耕地的图斑的空间范围在不断扩张，由原先较为集中的分布转变为相对稀疏而连续的图斑分布类型。从图 4 - 5（g）1990—2015 年土地利用类型转移分布来看，张掖市 25 年来的土地利用变化主要表现为耕地的扩张不断侵占草地，且人类活动导致大量的未利用地被开垦，其中甘州区、临泽县及高台县为土地利用变化较为剧烈的地区。

黑河流域于 2000 年开始实施黑河干流水量统一调度，使得张掖市可获取的地表水资源量减少，然而 2000—2015 年张掖市的耕地在持续扩张，尤其在靠近人类活动及灌溉农业最为强烈的区域，如甘州区、临泽县、高台县内分布有主要灌溉渠系及密布农业机井的区域，新增耕地需要更多的灌溉用水，由此耕地的扩张必将引起地下水开采力度加大，最终将导致该区域的生态环境退化。

4.4 本章小结

本章基于遥感影像获取的土地利用数据，重点分析了张掖市 1990—2000 年、2000—2010 年、2010—2015 年和 1990—2015 年四个时间段的土地利用动态变化特征。

（1）张掖市的草地与未利用地为其主要土地利用类型，林地和草地主要分布在张掖市上游的肃南县，耕地与建设用地则集中分布于山前绿洲平原区，戈壁、裸土地等未利用地多分布于张掖市西北部的绿洲与荒漠过渡区。

（2）随着人类活动影响的深入，张掖市土地利用结构与空间格局发生了显著的变化。1990—2015 年，张掖市土地利用变化幅度最为明显的依次为耕地、未利用地、草地和建设用地，以耕地和建设用地快速扩张、天然草地和未利用地减少为主，其中耕地面积持续快速扩张，1990—2000年、2000—2010 年和 2010—2015 年三个时间段分别扩张了 222km² （6％）、253km²（6.45％）和 300km²（7.19％），25 年间的总体扩张率达20.95％。2000 年后，张掖市后两期的综合土地利用动态度高于 1990—2000 年的综合土地利用动态度，张掖市的土地利用程度整体加大，人类活动对土地利用变化的影响与日俱增。

（3）张掖市 1990—2015 年的土地利用格局发生了显著变化，未利用地、草地、河渠水域面积减少，不同时间段的土地利用转移类型与空间格局存在差异，各类土地利用都存在不同程度的转入和转出的变化。1990—2000 年土地利用转移主要发生在草地、林地、耕地和未利用地之间，表现为耕地侵占草地与林地，以及草地和林地退化为未利用地；2000—2010年及 2010—2015 年，由于张掖市社会经济发展及农业生产活动的加强，土地利用转移主要表现为耕地的扩张，其面积的增加主要以未利用地和草地转入为主，但相对于 1990—2000 年的转移变化，耕地侵占草地的趋势明显下降，未利用地转为耕地的趋势增加。1990—2015 年张掖市的土地利用转移呈现带状分布，主要分布于绿洲平原的沿河谷地区、灌溉渠系与机井密布地带。

第5章 生态系统服务时空动态变化分析

生态系统服务的定量评估是支持区域资源合理利用、生态保护与社会经济可持续发展决策的重要基础。张掖市覆盖黑河流域上游的肃南县及黑河流域中游的5个县区，具有气候干旱、生态环境较为脆弱的特征，定量评估张掖市的关键生态系统服务对张掖市的生态保护与改善具有重要的意义。本研究基于前期文献综述工作，综合考虑 InVEST 模型具备的动态空间评估生态系统服务的优势，选择 InVEST 模型定量评估张掖市不同时期的各类关键生态系统服务的时空动态变化，为科学制定区域的生态保护政策提供支持。

5.1 关键生态系统服务遴选及其概念

张掖市处于黑河流域中上游地区，水资源是其生态系统维持的重要纽带，是其他关键生态系统服务供给的重要制约因素，也是人类活动与人类福利的核心构成部分（张志强等，2001；Vigerstol and Aukema，2011）。由于气候变化与人类活动的影响，张掖市的社会经济发展对水土资源的需求不断加大，导致其面临水资源短缺、水土流失及荒漠化等生态问题，因此区域内的水资源供给和土壤保持服务是张掖市关键的两项生态系统服务，也是影响区域社会经济可持续发展的重要因子，定量评估水资源供给和土壤保持可为水资源可持续的管理与防止水土流失提供有效支撑（Brauman et al.，2007；刘金巍等，2014）。

水资源供给服务是流域水文生态系统服务的关键指标，为人类社会及生态系统的可持续发展提供所必需的水资源，可以用单位面积的产水量来评估（De Groot et al.，2010）。不同植被类型在不同条件下，由于其对降雨的截留及蒸散发潜力的不同，从而具备不同的产流能力。土地利用变化改变地表的植被类型，从而影响地表的蒸散发和水文过程，导致水资源入渗和产流的变化，最终影响生态系统的水资源供给服务。土壤是陆地生态系统植被生长的基础，土壤流失会对生物的生长及人类的生产活动造成严重的损失。土地利用、降雨强度、地形地貌、土壤质地等是影响土壤保持服务的主要因素，如地表植被通过其地上部分和地下部分共同维持土壤的有效保持。由于不同土地利用类型的地表植被状况与土壤流失之间存在密切联系，研究土地利用变化对土壤保持服务的影响，对于提高土壤生产力、维持人类农业生产活动、减少洪涝灾害、降低生态风险及维持生态系统可持续发展具有重要意义。

此外，张掖市林草地占土地利用面积的比例较大，不仅是生态系统中重要的有机物质来源，也是生态系统中重要的碳汇。植被通过光合作用吸收大气中的碳，同时生产有机物质，对于调节气候与支持生态系统服务产品的生产具有重要作用。因此，固碳服务和有机质生产服务也是张掖市关键的两项生态系统服务。碳是生态系统中的重要元素，是组成有机物质的基本成分。土地利用对全球及区域的碳收支平衡已成为当前气候变化科学与区域可持续发展的重要议题（朴世龙等，2010；付超等，2012）。陆地生态系统中的植被与土壤是储藏碳的主要载体，土地利用变化改变植被覆盖类型、土地利用的方式与程度，影响植被碳库和土壤碳库中的碳储量。因此，研究生态系统中的固碳服务及土地利用对固碳服务的影响，对于适应气候变化以维持区域可持续发展具有重要意义。

有机质生产是指地表植被通过光合作用，将太阳能转化为化学能，将无机化合物合成为有机质的过程。生态系统中植被提供的有机质是人类及其他生物生存发展的最基本的能量和物质来源。植被在自然条件下的 NPP可用来表征有机物质生产，是生态系统支持服务功能中的重要一项（MEA，2005），也是表征生态系统可持续发展的重要指标（Grossman，2015）。

综上，本研究选取水资源供给、土壤保持、固碳服务和植被 NPP 4 项关键生态系统服务指标对张掖市的生态系统服务变化进行动态定量评估。

5.2　InVEST 模型原理及数据处理

由美国斯坦福大学、世界自然基金会和大自然保护协会联合开发的

InVEST 模型是近年来基于 GIS 的生态系统服务评估模型。它基于不同土地利用情景，能较准确地对多种生态系统服务物质量和价值量进行评估，在全球尺度和流域尺度上都有较好的利用，被认为是将生态系统服务研究纳入不同尺度管理决策的高效工具，在未来具有广泛的应用空间，为决策者权衡人类活动的效益和影响提供科学依据（郑华等，2013）。

InVEST 模型主要包括淡水生态系统（水力发电、产水量、水质、水土保持）、海洋生态系统（海岸保护、海洋水质、生境评估、美感评估、水产养殖、波能及风能评估等）和陆地生态系统（生物多样性、碳储量、农作物授粉、木材产量）三大评估模块。每种生态系统服务评估设计了从简单到复杂 3 个层次的模型。第一层模型是生态系统服务产出（物质量）评估，第二层模型是价值评估（价值量），第三层模型是各种相关的复杂模型的综合应用评估。目前比较成熟的是第一层模型，即定量评估生态系统服务的物质量产出。本研究基于 InVEST 模型测算张掖市关键生态系统服务，主要包括水资源供给、土壤保持和固碳服务，分别涉及产水量、泥沙输移比（Sediment Deliver Ratio Model，SDR）和碳储存三大模块。

5.2.1　产水量模块

1. 模块原理

InVEST 模型的产水量模块基于 GIS 栅格数据运行，其核心算法是运用水量平衡法，结合气候、地形、土壤特征和土地利用参数计算，得出流域内每个栅格的产水量。产水量为区域上每个栅格单元的降水量减去没有上游径流补给时的实际蒸发量，其中气候要素、地形因子、土壤特征和土地利用类型等影响降水量与蒸发量之间的平衡关系。InVEST 模型简化了汇流过程，没有区分地表径流、壤中径流和基流，假设栅格产水量通过以上任意一种方式到达出水口。产水量模块建立在 Budyko 曲线（Budyko，1974）和年均降水量的基础上。不同土地利用类型栅格单元年产水量 $Y_{i,j}$ 的计算公式如下：

$$Y_{i,j} = \left(1 - \frac{AET_{i,j}}{P_i}\right) + P_i \qquad (5-1)$$

式中，$Y_{i,j}$ 表示栅格单元 i 中，土地利用类型 j 的年产水量；$AET_{i,j}$

表示栅格单元 i 中，土地利用类型 j 的实际年平均蒸散量；P_i 表示栅格单元 i 的年均降水量。由于年实际蒸散量无法直接测量获取，因此可以通过 Budyko 曲线对 $\frac{AET_{i,j}}{P_i}$ 进行近似计算。$\frac{AET_{i,j}}{P_i}$ 是 Budyko 曲线的近似值，为 Zhang 等（2001）在 Budyko 曲线的基础上发展来的（Zhang et al.，2001），其计算公式如下：

$$\frac{AET_{i,j}}{P_i} = \frac{1 + \omega_i R_{i,j}}{1 + \omega_i R_{i,j} + \frac{1}{R_{i,j}}} \qquad (5-2)$$

式中，$R_{i,j}$ 表示栅格单元 i 中，土地利用类型 j 的 Budyko 无量纲干燥指数，是参考蒸散量与降水量的比值；ω_i 表示修正的植被年可利用水量与预期降水量的比值。其中 Budyko 干燥指数 $R_{i,j}$ 的计算公式如下：

$$R_{i,j} = \frac{K_{i,j} ETO_i}{P_i} \qquad (5-3)$$

式中，$K_{i,j}$ 表示栅格单元 i 中，土地利用类型 j 的植被蒸散系数；ETO_i 表示栅格单元 i 的潜在蒸散量，也称参考作物蒸散量，反映了气候条件下所决定的蒸散能力；Zhang 等（2001）将 ω_i 定义为描述自然气候—土壤性质的非物理参数，其计算公式如下：

$$\omega_i = Z \frac{AWC_i}{P_i} \qquad (5-4)$$

式中，Z 表示 Zhang 系数，为代表季节性降雨分布和降雨深度参数，由区域降雨特征确定；AWC_i 表示土壤有效含水量，也称植被可利用含水率，其值由土壤质地和有效土层深度决定。

2. 数据处理与计算

InVEST 模型中评估水资源供给的模块为产水量模块，根据产水量模块的原理解析，产水量模块中水资源供给服务的评估需要的输入变量包括研究区土地利用、集水区边界、年降水量、土壤有效含水量、潜在蒸散量和土壤深度；另外需要确定的参数包括最大根系深度、植被蒸散系数和 Zhang 系数。本研究所用到的 DEM 数据栅格尺度大小为 90m，因此其他需要用到的空间栅格数据均设置栅格大小为 90m×90m，并且统一坐标系。各变量及参数的处理与计算方法分别如下：

（1）土地利用数据

张掖市 4 期土地利用数据来自中国科学院资源环境科学数据中心的土地利用数据集，基于遥感解译获取的 20 世纪 80 年代末期（1990 年）、2000 年、2010 年、2015 年 4 期数据，土地类型分为耕地、林地、草地、水域用地、建设用地和未利用地六大土地利用类型，如图 5-1 所示。

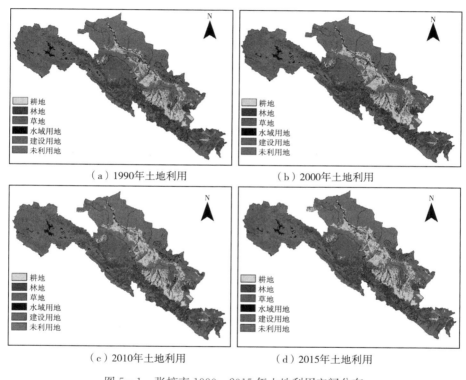

（a）1990年土地利用　　　　　　　　（b）2000年土地利用

（c）2010年土地利用　　　　　　　　（d）2015年土地利用

图 5-1　张掖市 1990—2015 年土地利用空间分布

（2）集水区边界数据

集水区是流域内产流汇合和集中排出的单位，产水量模块输出总的和平均的基于集水区级别的产水量。本研究的集水区划分，基于由寒区旱区科学数据中心提供的黑河流域 SRTM DEM 数据集，通过水文分析工具得出，共划分为 178 个集水区，划分结果如图 5-2 所示。

（3）年降水量

降雨数据来源于中国气象数据网提供的中国气象局常规气象台站的

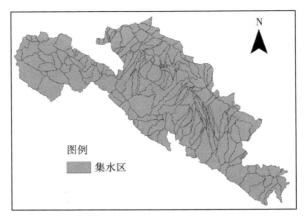

图 5-2 张掖市集水区划分结果

日值观测资料。通过统计软件利用全国 1980—2015 年的 700 多个台站的日降水量数据计算每年的年降水量及多年平均的年降水量，然后基于克里金法进行空间插值至 1km×1km 栅格，并对生成的数据进行裁剪，进一步重采样至 90m×90m 栅格，最终形成张掖市 1990—2015 年 4 期及 1980—2015 年的多年平均的年降水量的空间数据，降水量的单位为毫米（mm），得到张掖市多年平均年降水量空间分布，如图 5-3（a）所示。

（4）土壤有效含水量

土壤有效含水量（Soil Available Water Content，AWC）也称为植被可利用含水率（Plant Available Water Content，PAWC），指土壤中可以被植物或作物吸收利用的水量，也即田间持水量（Field Moisture Capacity，FMC）和萎蔫点（Wilting Coefficient，WC）之间的差值，与土壤的质地组成、土壤结构、有机质含量等有关。通过查询世界土壤数据库中国土壤数据集，获得对应土壤类型的表层土壤的砂粒含量（SAND）、粉粒含量（SILT）、土壤有机质含量（OC）、碎石体积百分比（GRAVEL）、土壤电导率（ECE）等属性数据，再基于 SPAW（Soil Water Charasteristcs Program）软件计算得出每种土壤的表层土壤植被的田间持水量（FMC）和萎蔫点（WC），基于式（5-5）计算得到植被可利用含水率（PAWC），最后将计算得到的土壤植被可利用含水率匹配至

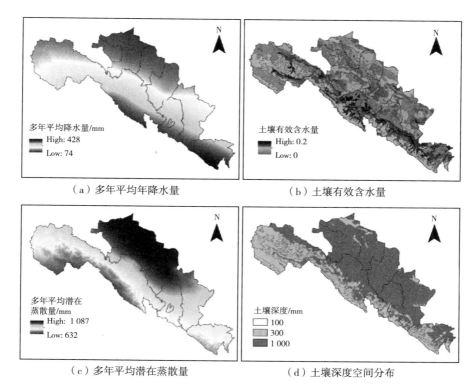

（a）多年平均年降水量   （b）土壤有效含水量

（c）多年平均潜在蒸散量   （d）土壤深度空间分布

图 5-3 张掖市多年平均降雨、土壤有效含水量、潜在蒸散及土壤深度空间分布

土壤类型的 1km×1km 的空间数据，并重采样至 90m×90m 栅格，得到张掖市植被可利用含水率的空间分布，如图 5-3（b）所示。

$$PAWC = \frac{FMC(\%) - WC(\%)}{100} \qquad (5-5)$$

（5）潜在蒸散量

潜在蒸散量（Potential Evapotranspiration，ET_0）是指，假设平坦地面被特定矮秆绿色植物全部遮蔽，同时土壤保持充分湿润情况下，土壤蒸发和植物蒸腾的总蒸散量。目前估算潜在蒸散量的公式主要有 Penman - Monteith 公式、Hargreaves 公式、Modified - Hargreaves 公式、Thornthwaite 公式和 Hamon 公式等。其中，Penman - Monteith 公式能够计算反映气候要素的综合影响，计算结果较为准确，然而其所需气象要素数据较多，在实际应用时受到限制。相对而言，Hargreaves 及 Modified - Hargreaves 公式所需要的气候要素数据较少，且能够以较高精度获取计算结果。因此，本研究采用 InVEST 模型提供的 Modified - Hargreaves 公式（Droogers and Allen，2002），利用全国 700 多个气象站点每日观测的平均气温、最高气温、最低气温、降水量以及气象站点的纬度数据对潜在蒸散量进行计算，公式如下：

$$ET_0 = 0.0013 \times 0.408 \times RA \times (T_{avg} + 17) \times (TD - 0.0123P)^{0.76}$$

$$(5-6)$$

式中，ET_0 表示潜在蒸散量（mm/d）；RA（Daily extraterrestrial radiation）表示太阳大气顶层辐射（MJ·$m^{-2}d^{-1}$），根据每个气象站点的纬度查阅 FAO 提供的不同纬度地区的辐射量数据计算得到；T_{avg} 表示考察期间日最高气温与最低气温的平均值的均值（℃）；TD 表示日最高气温和最低气温平均值的差值（℃）；P 表示月平均降水量（mm）。由于气温受高程及地形影响较大，本研究先对气温与降水量进行空间插值，并进一步基于 DEM 按海拔每升高 100m、气温降低 0.65℃ 的温度递减率对气温插值结果进行修正，之后采用式（5-6）在空间上计算每个栅格的潜在蒸散量，并重采样至 90m×90m 栅格，得到张掖市潜在蒸散量的空间分布。张掖市多年平均潜在蒸散量如图 5-3（c）所示。

（6）土壤深度

InVEST 模型中输入的土壤深度也称为根系约束层深度（Depth to Root Restricting Layer，REF_DEPTH），是指由于物理或化学特性导致根系渗透被强烈抑制的土壤层深度，单位为毫米（mm）。该数据来源于世界土壤数据库中国土壤数据集中的土壤参考深度数据，将从属性表中获取的土壤深度值匹配至土壤类型的 1km×1km 的空间数据，并重采样至 90m×90m 栅格，得到张掖市土壤深度的空间分布，如图 5-3（d）所示。

（7）最大根系深度

最大根系深度/根系长度（Maximum root depth，Root_depth）主要针对有植被或作物覆盖的土地利用类型，是指植被根系生物量达到 95% 时的根系深度，单位为毫米（mm）。对于植被覆盖率低的水域用地、建设用地和未利用地等，其最大根系深度的赋值较低。本研究参考文献材料（吴迎霞，2013；李敏，2016）及 InVEST 模型中自带的参数，整理得出每种土地利用类型的最大根系深度（表 5 - 1）。

表 5 - 1 张掖市 InVEST 模型生物物理参数

土地类型	植被蒸散系数	最大根系深度/mm	植被覆盖与管理因子	水土保持措施因子
耕地	0.65	2 100	0.3	0.3
林地	1	7 000	0.006	1
草地	0.6	1 700	0.04	1
水域用地	1	1	0	0
建设用地	0.3	1	0	0
未利用地	0.2	1	1	1

（8）植被蒸散系数

植被蒸散系数（Plant Evapotranspiration Coefficient，K_{ij}），也称为作物系数，是植被实际蒸散发与潜在蒸散发的比值。受气候条件和地表植被覆盖的影响，不同土地利用类型的植被蒸散系数不同。本研究参考 FAO 提出的适合于自然植被非完全覆盖条件下植物系数的计算方法估算的不同植被覆盖的蒸散系数（Allen et al.，1998）、InVEST 模型的用户指导手册及不同学者的系数取值，最后综合整理，得出张掖市的六大类土地利用类型对应的植被蒸散系数（表 5 - 1）。

（9）Zhang 系数

Zhang 系数（Zhang Coefficient，Z）是表征区域降雨季节特征的常数，降雨总量相等而降雨次数越多，则 Zhang 系数越大。当降雨主要集中于冬季时，Z 值接近于 10，而对于季节分布较为均匀的湿润地区及降雨集中于夏季的地区，Z 值接近于 1（包玉斌等，2016）。位于黑河干流的莺落峡及正义峡水文站站点观测的径流数据主要针对黑河流域中上游地区的水文情况，模拟进行验证。但是，张掖市较黑河流域中上游地区覆盖范围广，且境内除黑河干流外，还有其他多条水系，因此本研究根据甘肃省水资源公报统计的 2000 年、2010 年及 2015 年 3 期的张掖市产水深度值进行对比验证。以各期的土地利用图为基础，反复改变 Z 值进行模型模拟，得到不同 Z 值下的张掖市模拟产水深度，如表 5 - 2 所示，为 Z 值分别取 0.8 与 1 时模拟值与统计值的比较结果。当 Z 值为 0.8 时，模拟产水深度的三期的平均值与统计得到的三期产水深度均值（81.73mm）最为接近。因此，可以认为当 $Z=0.8$ 时，InVEST 模型模拟的产水量效果最优，同时该取值接近 1 时，也符合张掖市降雨主要集中于夏季的降雨特征。

表 5-2　基于 InVEST 模型中不同 Z 值下的张掖市产水深度模拟值与真实值比较

年份	2000 年	2010 年	2015 年	产水深度模拟均值/$10^8 m^3$
$Z=0.8$	71.30	84.92	88.44	81.55
$Z=1$	66.53	79.58	83.28	76.46
真实值	79.80	84.60	80.80	81.73

5.2.2　泥沙输移比模块

1. 模块原理

InVEST 模型中的泥沙输移比模块采用美国通用土壤流失方程对土壤侵蚀量进行估算，考虑的参数有降雨侵蚀力、土壤可蚀性、坡长坡度、植被覆盖与管理措施和水土保持措施等。具体方法是以土地利用类型为评估单元，通过潜在土壤侵蚀量减去实际土壤侵蚀量，得到各个评估单元的土壤保持量。潜在土壤侵蚀量和实际土壤侵蚀量的差别在于前者没有考虑植被覆盖与管理因子及水土保持措施因子对土壤侵蚀的固持作用，即它们有着相同的表达式，但计算潜在土壤侵蚀量时，需将水土保持措施因子 P 和植被覆盖与管理因子 C 的值都赋为 1。潜在土壤侵蚀量和实际土壤侵蚀量计算公式如下：

$$RKLS = R \times K \times LS \times C \times P \quad (C=1, P=1) \quad (5-7)$$

$$USLE = R \times K \times LS \times C \times P \qquad (5-8)$$

式中，$RKLS$ 表示潜在土壤侵蚀量，$USLE$ 表示实际土壤侵蚀量，R 表示降雨侵蚀力，单位为 MJ · mm/(hm² · h · a)，K 表示土壤可蚀性因子，单位为 t · hm² · h/(MJ · mm · hm²)，LS 表示坡长坡度因子，C 表示植被覆盖与管理因子（作物管理因子），P 表示水土保持措施因子，LS、C、P 都无量纲。土壤保持量由潜在土壤侵蚀量减去实际土壤侵蚀量（$USLE$）得到。

$$SD = RKLS - USLE \qquad (5-9)$$

式中，SD 表示土壤年保持量，单位为 t/(hm^2 · a)。

2. 数据处理与计算

$InVEST$ 模型中用于评估土壤保持量的模块为泥沙输移比模块，该模块较传统土壤流失方程评价方法进一步考虑了地块自身拦截上游沉积物的能力，使对土壤保持量的计算结果更准确。根据模块的原理解析，土壤保持服务的评估需要的主要输入变量包括研究区土地利用数据、DEM 数据、坡长坡度因子、降雨侵蚀力及土壤可蚀性因子；另外需要确定的参数还有植被覆盖和管理因子以及水土保持措施因子。土地利用及 DEM 数据在前文中已有介绍，坡长坡度因子可由 $InVEST$ 模型基于 DEM 自动计算得出，其他主要变量和参数的处理与计算方法如下。

（1）降雨侵蚀力

降雨侵蚀力（R）反映了区域内由降雨导致的土壤流失或侵蚀发生的作用能力的大小，主要由降水量、降雨强度等降雨特征决定。根据美国科学家 $Wischmeier$（1978）提出的公式来计算降雨侵蚀力最为常见。其基于月平均降水量和年平均降水量进行计算，计算公式如下：

$$R = \sum_{i=1}^{12} 1.735 \times 10^{(1.5\lg\frac{p_i^2}{p})-0.8188} \qquad (5-10)$$

式中，R 表示降雨侵蚀力值 [100ft · t · in/(ac · h · a)]^{①}；p_i 表示月均降水量（mm）；p 表示年均降水量（mm）。InVEST 模型中输入的降雨侵蚀力的单位为 MJ · mm/(hm^2 · h · a)，基于式（5-10）得到的降雨侵蚀力 R 值的美制单位是 100ft · t · in/(ac · h · a)，需要乘以系数 17.02 换算成国际单位 MJ · mm/(hm^2 · h · a)（Wischmeier，1956）。本研究基于全国 700 多个气象站点逐日降水量观测数据，运用降雨侵蚀力模型计算年降雨侵蚀力，并利用克里金法进行插值，得到全国范围内的年降雨侵蚀力模型分布情况，插值所得的空间分辨率为 1km×1km，并基于张掖市边界进行裁剪，重采样至 90m×90m 栅格，得到张掖市降雨侵蚀力的空间分布，张掖市多年平均降雨侵蚀力如图 5-4（a）所示。

---

① 此单位为美制单位，ft 是英尺，in 是英寸，ac 是英亩。

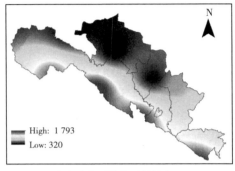 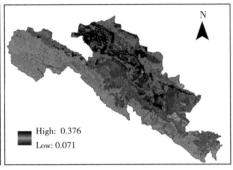

（a）多年平均降雨侵蚀力　　　　　　　　（b）土壤可蚀性因子

图5-4　张掖市多年平均降雨侵蚀力降水量、土壤可蚀性因子空间分布

（2）土壤可蚀性因子

土壤可蚀性因子 K 可以反映土壤对侵蚀的敏感程度，是 InVEST 模型中基于通用土壤流失方程的泥沙输移比模块进行土壤侵蚀估算的重要输入参数之一。本研究依据 Williams 等（1983）建立的 EPIC（Erosion/Productivity Impact Calculator）模型进行计算（Williams et al.，1983），计算公式如下：

$$K = \{0.2 + 0.3\exp[-0.0256Sand(1.0 - Silt/100)]\} \times$$
$$[Silt/(Clay + Silt)]^{0.3} \times \{1.0 - 0.25C/[C +$$
$$\exp(3.72 - 2.95C)]\} \times \{1.0 - 0.7SN1/[SN1 +$$
$$\exp(-5.51 + 22.9SN1)]\} \tag{5-11}$$

式中，$Sand$ 表示砂粒含量（%）；$Silt$ 表示粉粒含量（%）；$Clay$ 表示黏粒含量（%）；C 表示有机碳含量（%），$SN1 = 1 - Sand/100$。式中的土壤属性数据都来自世界土壤数据库。此外，式中计算的 K 值单位为美国制惯用单位，需将此乘上 0.131 7 转化成国际单位制 t·hm²·h·MJ^{-1}·mm^{-1}·hm^{-2}，才可作为参数输入 InVEST 模型中。将基于属性表计算得到的土壤可蚀性因子 K 值匹配至土壤类型的 1km×1km 的空间数据，并重采样至 90m×90m 栅格，得到张掖市土壤可蚀性因子 K 的空间分布，如图5-4（b）所示。

（3）植被覆盖与管理因子

植被覆盖与管理因子 C 是指在相同的土壤、地形和降雨条件下，有植被覆盖或实施田间管理情况下的土壤流失量与耕种过后连续休闲地的土壤流失量的比值，反映了植被覆盖及其管理措施对土壤流失的影响。不同土地利用类型具有不同的植被覆盖，其植被覆盖与管理因子的取值为 0～1。没有植被保护的裸露地面的 C 值取最大值 1；地面得到良好保护，能够有效降低雨水侵蚀的植被覆盖与管理因子取值较小，C 值接近 0。本研究基于相关文献资料（蔡崇法和丁树文，2000；李军玲和邹春辉，2010；李敏，2016），获得各类土地利用的植被覆盖与管理因子，如表 5-1 所示。

（4）水土保持措施因子

水土保持措施因子 P 是指采取水土保持措施后的土壤侵蚀量与顺坡种植时的土壤侵蚀量之比，取值为 0～1。P 值为 0 时，表示该土地类型的地面采取了专门有效的措施防止土壤流失，如建设用地的地面基本不存在土壤流失，因此取值为 0；林地和草地等天然植被及荒漠地一般都未采取任何水土保持措施，因此取值为 1；耕地是人为管理的土地类型，农民为保持土壤肥力，一般采取秸秆覆盖、地膜保护等措施以降低水土流失率。根据相关参考文献，农业等高耕作地区，坡度小于 15° 的旱地的水土保持措施 P 值为 0.3～0.35。张掖市的耕地普遍位于绿洲平原区，坡度小，因此耕地 P 值取 0.3，具体各类土地利用的水土保持措施因子见表 5-1。

5.2.3　碳储存模块

1. 模块原理

InVEST 模型中的碳储存模块以土地利用类型为评估单元，将生态系统的碳储存量划分为 4 个基本碳库：地上生物碳、地下生物碳、土壤碳和死亡有机碳。根据不同土地利用类型地上、地下、土壤、枯落物 4 种碳库各自的平均碳密度乘以各土地利用类型的面积来计算生态系统碳储存量（碳储量）。InVEST 模型的碳储存模块运行所需要的输入项包括研究区土地利用图及对应的不同土地利用类型的碳密度表，总碳储量计算公式如下：

$$Ctotal_j = Cabove_j + Cbelow_j + Csoil_j + Cdead_j \quad (5-12)$$

$$CT = \sum_{j=1}^{6} Ctotal_j \times S_j \quad (5-13)$$

式中，$Ctotal_j$ 表示土地利用类型 j 的单位面积总的碳储量，即总的碳密度；$Cabove_j$ 表示地上部分的碳密度；$Cbelow_j$ 表示地下部分的碳密度；$Csoil_j$ 表示土壤碳密度；$Cdead_j$ 表示枯落物碳密度；CT 表示区域的固碳总量；S_j 表示土地利用类型 j 的面积。

2. 数据处理与计算

根据碳储存模型的原理解析，计算生态系统的固碳量必需的基础数据为土地利用数据，以及与土地利用每种地类相对应的四大基本碳库碳密度表数据。陆地生态系统碳主要固定储存在植被生物量和土壤碳库中。地上生物碳包括地表以上所有存活的植物材料（树皮、树干、树枝和树叶等）中的碳含量，不包括地上碳库中变化特别快的碳量（如短周期的农作物和草地）；地下生物碳指存在于植物活根系统中的碳；土壤碳通常是指分布在有机土壤和矿质土壤中的有机碳；死亡有机碳表示凋落物、倒立或站立着的已死亡树木中的碳储量。基于研究目的，通过参考 InVEST 模型说明及相关文献资料（韩晋榕，2013；黄卉，2015）获得不同土地利用类型的不同碳库的单位固碳能力，其中死亡有机质碳密度由于相应资料的缺乏，全部设置为 0，综合得到张掖市所需的碳密度表（表 5-3）。

表 5-3　张掖市不同土地利用类型碳库的碳密度值

土地利用类型	碳密度/$t \cdot hm^{-2}$		
	地上碳库	地下碳库	土壤碳库
耕地	0.57	8.07	10.84
林地	4.24	11.59	23.69
草地	3.53	8.65	9.99
水域用地	0	0	0
建设用地	1.20	0	7.10
未利用地	0	0	7.80

5.2.4　NPP 数据收集与处理

陆地生态系统植被 NPP 是指绿色植物在单位面积、单位时间内所积累的有机物数量，为植被光合作用的总初级生产力（Gross Primary Production，简称 GPP）扣除自养呼吸后的剩余有机质，体现了陆地生态系统在自然条件下的生产能力，也称作净第一生产力（Gower et al.,

1999）。NPP 反映了生态系统的原料生产能力，NPP 在生态系统内部的形成和累积过程对生态系统中的调节服务与供给服务及其相互之间的权衡也产生影响（Tian et al.，2016；孙艺杰等，2016）。

NPP 估算主要方式有基于站点的实际测量估算，基于传统的气候统计模型估算，基于遥感的生理生态过程模型估算及光能利用率模型估算等方式。随着遥感和 GIS 的发展应用，基于遥感信息 NPP 估算模型成为 NPP 研究的重要趋势。NASA 于 1999 年发射了具有中分辨率成像光谱仪传感器 MODIS 的 TERRA 极地轨道环境遥感卫星。其对地监测产品中提供了 2000 年以来全球地表 1km 空间分辨率的陆地植被年 NPP 产品（MOD17A3）。MOD17A3 NPP 产品是利用参考 BIOME - BGC 模型与光能利用率模型建立的 NPP 估算模型，模拟估算出陆地生态系统年 NPP（Zhao and Running，2010）。相对于 NASA 提供的年 NPP 数据，由 Running et al.（1999）领导的美国蒙大拿大学 MOD17 研发团队（Numerical Terra Dynamic Simulation Group，NTSG）提供的 MOD17A3 产品进一步消除了云对植被叶面积指数和光合有效辐射值的影响，提高了数值精度（Running et al.，1999）。该数据可从 NTSG 官网免费获取，提供 2000—2015 年，空间分辨率为 1km 的 GPP/NPP 数据，被广泛应用于全球不同区域的植被生长状况评估和环境变化监测等研究领域（Lin et al.，2016）。根据研究需要，本研究获取了覆盖张掖市的 2 个 Tile（h25v05，h26v05）的 2000—2015 年的 MOD17A3 产品数据，影像数据波段选取 NPP 1km，并基于 MODIS 数据处理软件 MRT（MODIS Reprojection Tools）和 Cygwin平台对 MODIS 数据进行数据提取、批量拼接，把 HDF 格式的源 NPP 数据转换为 GEOTIFF 格式，最后基于 Python 对拼接后的影像进行投影转换与裁切处理，得到张掖市的 NPP 分布情况。

5.3　生态系统服务时空变化特征

5.3.1　水资源供给服务

1. 水资源供给服务分布及变化

基于 InVEST 模型，本研究模拟了张掖市 1990 年、2000 年、2010 年和

2015 年 4 期土地利用和气候变化下的产水量（表 5 - 4）。从表 5 - 4 可以看出，张掖市 4 期的产水量分别为 $29.25 \times 10^8 m^3$、$28.38 \times 10^8 m^3$、$33.80 \times 10^8 m^3$ 和 $35.20 \times 10^8 m^3$，平均产水深度分别为 73.48mm、71.30mm、84.92mm 和 88.44mm，呈现出先减少后增加的趋势，产水量的变化受降雨和实际蒸散量的双重影响。1990—2000 年，张掖市平均降水量由 218.87mm 减少至 211.9mm，与此同时，虽然蒸散量也有一定的下降，但不足以抵消降雨减少带来的影响，从而导致 2000 年的产水量较 1990 年减少了 $0.87 \times 10^8 m^3$；2010 年降水量较 2000 年有大幅的增长，因此 2010 年的产水量较 2000 年增加了 $5.42 \times 10^8 m^3$，涨幅达到 19.09%；2010—2015 年，张掖市的平均降水量由 243.79mm 减少至 234.24mm，而此时间段内的蒸散量也出现大幅的下降，由 157.7mm 降至 144.63mm，蒸散量下降的影响超过了降雨减少的影响，由此导致该时间段内的产水量仍有小幅的增长，增长了 $1.4 \times 10^8 m^3$。

表 5 - 4　张掖市 1990—2015 年降水量、实际蒸散量、产水深度与产水量

年份	降水量/mm	实际蒸散量/mm	产水深度/mm	产水量/$10^8 m^3$
1990 年	218.87	144.33	73.48	29.25
2000 年	211.90	139.55	71.30	28.38
2010 年	243.79	157.70	84.92	33.80
2015 年	234.24	144.63	88.44	35.20
2015—1990 年增减	15.37	0.30	14.96	5.95

从水资源供给的空间分布格局特征来看，张掖市不同的集水区的产水深度差异明显，从 0 至 255mm 分布极不均匀，产水深度的空间格局呈现从东南部向西北部逐步减少的空间分布规律，这主要受到地区的气候条件及地表植被覆盖等因素的影响（图 5 - 5）。如张掖上游肃南县由于位于祁连山区，虽然主要以山地森林和山地草地分布为主，但该地区气候阴湿寒冷，为张掖市主要降雨区，降水量相对其他地区较大，因此产水深度高，产水量较大。张掖市西北部地区主要为荒漠区，地表覆被稀疏，有利于产流的形成，但由于同时存在降水量小且蒸散作用强烈的影响，整体产水深度较低。

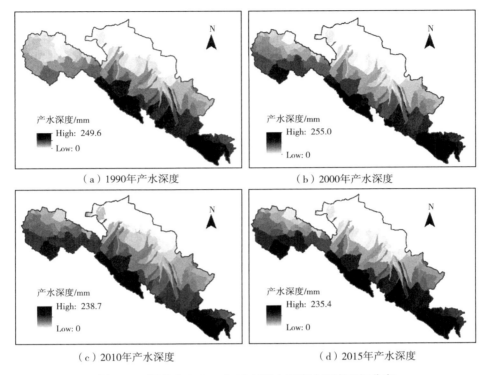

图 5 - 5　张掖市 1990—2015 年集水区产水深度空间分布

　　从水资源供给的空间变化特征来看，张掖市不同时期的产水量的空间变化特征具有相对的一致性，同时也存在部分区域的不同变化特征，如张掖市上游的肃南县在各个时段内基本呈现产水量增长的趋势，尤其在肃南县西部与东南部地区，由于气候变化导致该地区的冰川融化，引起降水量增加，产水量也增加；产水能力下降的地区主要集中在张掖市中部走廊及西北部地区，主要原因为该地区的降水量少，而近年来的气温显著升高，从而导致蒸散较为强烈，产水量呈现下降的趋势（图 5 - 6）。张掖市从1990 至 2015 年，上游地区产水量增加，而中部走廊和西北部产水量局部减少，总体呈现产水量增加的趋势。

2. 土地利用对水源供给服务的影响

　　不同土地利用类型对张掖市产水量的贡献存在较大差异。基于空间统计分析，比较张掖市 1990 年、2000 年、2010 年和 2015 年 4 期的不同土

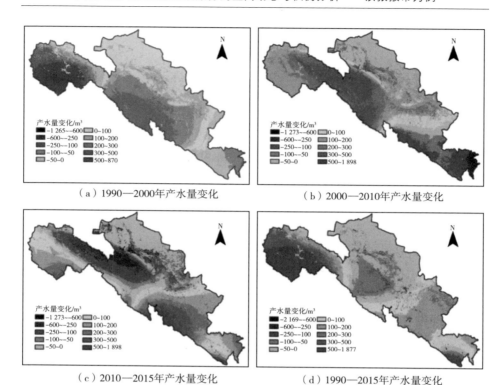

（a）1990—2000年产水量变化   （b）2000—2010年产水量变化

（c）2010—2015年产水量变化   （d）1990—2015年产水量变化

图5-6　张掖市1990—2015年不同时段产水量变化空间分布

地利用类型的产水量。根据表5-5统计结果可以发现，草地是产水量较大的土地利用类型，平均占张掖市总产水量的49.91%，对于该区域水资源供给具有重要意义。主要原因归为以下两点：一是草地面积占张掖市的面积比例大，草地数量具有绝对优势；二是草地的产水能力高，其产水深度仅次于林地，4个时期的产水深度平均值达到106.05mm，平均总产水量为15.79×10^8 m^3。由图5-7可知，张掖市的不同土地利用类型的平均产水能力从大到小依次为林地、草地、耕地、未利用地、建设用地、水域用地，这主要受到地区的气候条件及地表植被覆盖等因素的影响。林地的平均产水深度为133.43mm，虽然其产水能力明显高于草地，但由于面积占比少，其产水总量平均占张掖市总产水量的18.24%。此外，未利用地也具有一定的面积优势，虽然1990—2015年未利用地面积呈现减少趋势，但其产水深度呈现一定的上升趋势，因此未利用地产水量持续上升。受区域降水量增加的影响，自 2000 年起，各类土地利用的平均产水深度都呈现较为明显的上升趋势，由此区域总的产水量不断增加。

表 5-5 张掖市 1990—2015 年各类土地利用产水总量、产水深度和产水量占比

年份	水资源供给量	土地利用类型						
		耕地	林地	草地	未利用地	建设用地	水域用地	总计
1990 年	总量/$10^8 m^3$	2.92	5.91	14.43	5.97	0.02	0.00	29.25
	产水深度/mm	79.14	136.70	95.78	39.42	6.79	0.00	59.64
	产水量占比/%	9.99	20.19	49.34	20.40	0.07	0.00	100.00
2000 年	总量/$10^8 m^3$	2.50	5.20	14.41	6.25	0.01	0.00	28.38
	产水深度/mm	63.98	120.96	96.75	41.32	3.09	0.00	54.35
	产水量占比/%	8.82	18.34	50.78	22.02	0.04	0.00	100.00
2010 年	总量/$10^8 m^3$	3.14	5.58	17.04	8.04	0.01	0.00	33.80
	产水深度/mm	75.27	130.13	114.81	53.89	2.29	0.00	62.73
	产水量占比/%	9.28	16.50	50.41	23.79	0.02	0.00	100.00
2015 年	总量/$10^8 m^3$	3.36	6.31	17.29	8.21	0.04	0.00	35.20
	产水深度/mm	75.16	145.91	116.84	56.42	8.37	0.00	67.12
	产水量占比/%	9.53	17.94	49.12	23.31	0.10	0.00	100.00

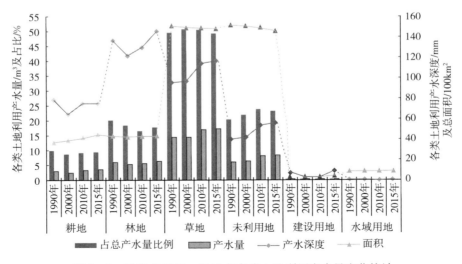

图 5-7 张掖市 1990—2015 年各类土地利用产水量变化统计

由上述分析可知，气候变化是影响区域水资源供给服务的重要因素，而土地利用变化导致区域的生态植被空间格局变化，是影响水资源供给服务的重要因子。为进一步解析土地利用对水资源供给服务的影响，本研究以 1990—2015 年的多年平均气象数据为基础，设计了气候不变仅土地利用变化的背景方案，模拟 1990 年、2000 年、2010 年和 2015 年张掖市产水量的变化。由表 5-6 可以看出，在张掖市年均降水量维持在 223.62mm 的水平不变的背景下，1990—2015 年，由于土地利用格局的变化导致张掖市的实际蒸散量呈现逐步下降的趋势，由此导致产水量出现逐步上升趋势，但上升幅度不明显。此结果可以初步表明，1990—2015 年，张掖市内的土地利用变化（未利用地减少、草地减少、耕地扩张等）导致区域内的蒸散量减少，有利于产水的增加。

表 5-6　气候不变方案下张掖市 1990—2015 年降水量、实际蒸散量、产水深度与总量

方案设计	年份	年均降水量/mm	年均实际蒸散量/mm	产水深度/mm	产水量/$10^8 m^3$
S	1990	223.62	146.68	75.87	30.198 8
	2000	223.62	146.67	75.88	30.201 5
	2010	223.62	146.54	76.01	30.255 8
	2015	223.62	146.40	76.15	30.311 0

注：S 表示各年份输入的降水量与潜在蒸散量为 1980—2015 年的多年平均值。

为进一步解析张掖市土地利用变化导致的水资源供给量的变动，本研究将 1990—2015 年的土地利用类型转移空间分布与 1990—2015 年气候不变背景方案下的产水深度变化的空间分布进行叠加分析。基于空间统计分析工具，得到不同土地利用类型转移对应的产水深度变化的统计信息见表 5-7。

从表 5-7 中可知，耕地转为草地后的产水能力增加，而转为林地、水域用地、建设用地和未利用地后产水能力下降；林地转为耕地和草地后产水能力增加，而转为建设用地、水域用地和未利用地后产水能力降低；草地转为任意其他土地利用类型后，其产水能力都下降；相反，水域用地转为其他任意土地利用类型后，产水能力都上升；建设用地只有在转为水域用地后，其产水能力下降；未利用地转为耕地和草地后，产水能力上

升，而转为林地、水域用地和建设用地后产水能力下降。

表5-7 气候不变方案下张掖市1990—2015年土地利用转移影响的产水深度变化

转移矩阵		2015年土地利用						转出面积/km² 与产水量/m³ 变化
		耕地	林地	草地	水域 用地	建设 用地	未利 用地	
1990年土地利用	耕地/km²	3 532.01	8.46	88.19	4.59	41.20	18.23	160.67
	产水深度变化/mm	0.00	−22.54	4.07	−66.81	−50.39	−30.10	−2 763 745.00
	林地/km²	40.55	4 235.49	34.98	3.66	0.74	4.95	84.87
	产水深度变化/mm	11.59	0.00	23.24	−56.78	−50.53	−3.27	1 021 567.30
	草地/km²	423.18	19.55	14 539.10	9.37	15.74	59.64	527.47
	产水深度变化/mm	−2.55	−25.15	0.00	−70.16	−50.85	−27.63	−4 675 019.00
	水域用地/km²	45.84	0.03	13.27	813.52	1.90	22.32	83.36
	产水深度变化/mm	28.05	115.48	84.56	0.00	0.00	69.80	3 969 681.39
	建设用地/km²	9.44	0.00	1.33	0.83	306.31	0.33	11.93
	产水深度变化/mm	76.45	/	81.02	−8.61	0	29.33	832 252.63
	未利用地/km²	413.12	64.26	120.63	43.31	53.74	14 439.90	695.04
	产水深度变化/mm	32.70	−7.99	28.52	−75.75	−5.80	0.00	12 843 932.00

综合各种土地利用类型导致的产水量的变化结果，可以看出，1990—2015年，耕地转出和草地转出对产水量的贡献为负，而林地转出为耕地和草地，水域用地转为耕地，以及未利用地向耕地和草地的转移，极大程度导致了产水量的增加。究其原因，虽然林地自身的平均产水深度较高，但产水深度较高的林地主要分布于降水量大的山区，而根据土地利用变化分析可知，张掖市的土地利用转移主要在人类活动较为频繁的中游走廊平原区，如图5-8所示。该地区降水量少，因此实际蒸散量小，然而由于气温高，其实际蒸散量占降水量的比值很高，因此相对蒸散作用强。在该气候条件下，林地不但有土壤蒸发，而且植被本身的蒸腾作用消耗水分较多，因此其蒸散量要大于草地和耕地，从而导致该地区的产水深度在林地转为耕地或草地后有所增加。此外，在林地、草地和耕地等有植被覆盖的土地利用类型转为未利用地、建设用地及水域用地后，未利用地、建设用地和水域用地在自然气候条件或人类活动影响下蒸散速率和强度比其他土

地利用类型大，其实际蒸散量与降水量的比值较高，甚至接近1，建设用地、未利用地的降雨基本上难以形成径流，而同一地区的草地和耕地由于根系较深，能够有效截留降雨，故比建设用地和未利用地的产水能力要高。因此，当有植被覆盖的土地利用类型转为未利用地、建设用地和水域用地时，产水深度都表现为下降。

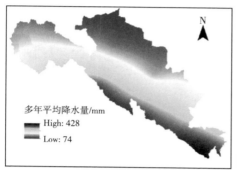

（a）多年平均降水量

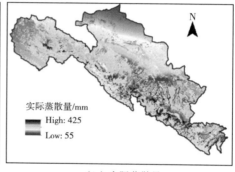

（b）实际蒸散量

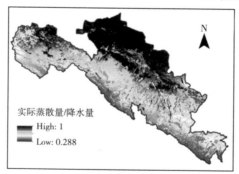

（c）实际蒸散量与降水量之比

图5-8 张掖市多年平均降雨、实际蒸散及实际蒸散比降雨空间分布

总体来看，张掖市不同土地利用类型的水资源供给服务能力差异较大。其中，林地和草地的水资源供给能力最强，其次为耕地和未利用地，而建设用地和水域用地在水资源供给方面的贡献很小。此外，从土地利用转移变化对水资源供给服务影响的分析来看，同种土地利用类型的水资源供给能力在不同区域及气候条件下也有所不同，生态系统中的水资源供给服务不仅受到土地利用类型变化的影响，也受到外界自然环境的影响。因

此，要分析土地利用变化对水资源供给服务的影响，需要综合考虑各种因素的综合作用，得到的分析结果才具有科学合理性。

5.3.2 土壤保持服务

1. 土壤保持服务分布及变化

基于 InVEST 模型，得到了张掖市 1990 年、2000 年、2010 年和 2015 年土地利用和气候变化下的潜在土壤侵蚀量和实际土壤侵蚀量，利用地理空间分析的栅格运算，通过潜在土壤侵蚀量减去实际土壤侵蚀量，得到对应的张掖市 4 期的土壤保持量及其空间变化特征。从表 5-8 中结果来看，1990—2015 年，张掖市的土壤保持量呈现波动减少的趋势，1990 年、2000 年、2010 年和 2015 年 4 期的土壤保持量分别为 24.6×10^8t、19.96×10^8t、22.13×10^8t 和 15.55×10^8t。1990—2015 年，土壤保持总量下降了 9.06×10^8t，降幅达 36.8%，单位面积土壤保持量（土壤保持模数）也由 621.56t·hm^{-2} 降至 392.75t·hm^{-2}。其原因归为以下两点：一是，草地等植被的减少降低了生态系统的土壤保持能力；二是，降雨侵蚀力下降等因素引起的潜在土壤侵蚀量和实际土壤侵蚀量都下降，且潜在土壤侵蚀量下降幅度高于实际土壤侵蚀量的下降幅度，由此引起土壤保持量的下降。

表 5-8 张掖市 1990—2015 年土壤保持服务及其相关因子

年份	降雨侵蚀力/mm	潜在土壤侵蚀量/10^{8}t	实际土壤侵蚀量/10^{8}t	土壤保持量/10^{8}t	土壤保持模数/t·hm^{-2}
1990	881.08	37.69	13.09	24.60	621.56
2000	712.92	30.50	10.54	19.96	504.30
2010	858.31	35.01	12.88	22.13	559.14
2015	543.98	24.23	8.68	15.55	392.75
2015—1990	−337.10	−13.46	−4.40	−9.06	−228.81

从土壤保持量的空间分布角度来看，张掖市 1990—2015 年的土壤保持量分布格局基本稳定（图 5-9），与水资源供给空间分布特征相似，张掖市中游大部分地区的土壤保持能力偏弱，土壤保持量较大的地区主要分

布于南部的肃南县山区林地和草地分布较多的地区。不同地区的土壤保持量的能力差异较大，如山区林地和草地等高值地区的土壤保持量维持在 $1\,000t \cdot hm^{-2}$ 左右，而中游地区的耕地及未利用地部分的土壤保持量仅在 $10t \cdot hm^{-2}$ 左右。与降雨侵蚀力的空间分布（图 5-4）对比分析可以发现，虽然上游山区林地和草地降雨侵蚀力高于中游地区，但林地和草地覆盖对降雨有效的截留减小了对土壤的冲击力和破坏力，从而使该地区的土壤保持量维持在较高水平。这也进一步反映生态系统中的土壤保持服务变化是由土地利用与气候变化等自然因子共同驱动作用的结果。

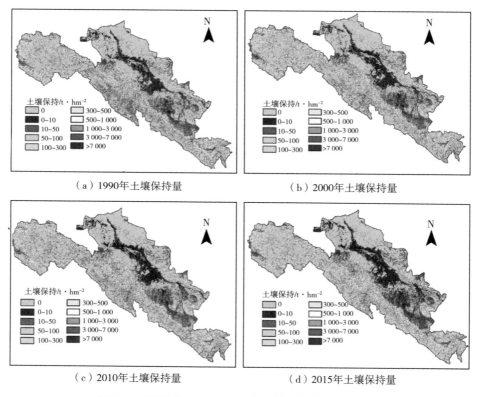

（a）1990年土壤保持量　　　　　（b）2000年土壤保持量

（c）2010年土壤保持量　　　　　（d）2015年土壤保持量

图 5-9　张掖市 1990—2015 年土壤保持密度空间分布

从土壤保持量的空间变化特征来看，张掖市不同时段的土壤保持量空间变化具有差异性（图 5-10）。从 1990—2000 年、2010—2000 年和 2010—2015 年张掖市平均土壤保持量空间变化可以看出，张掖市在此期间的土壤保持量都呈现出有增有减的趋势，其中1990—2000年和2010—
2015年的土壤保持量主要呈现下降趋势，尤其在肃南县中部地区土壤保
持量下降趋势较为明显，1990—2000年只有东南部地区呈现较为明显的
上升趋势；而2000—2010年则大部分呈现出上升趋势，其主要原因为
2010年降雨侵蚀力变大导致区域的潜在土壤侵蚀量增加，而由于地表植
被的保护作用，实际土壤侵蚀量增长幅度较小，从而使得2010年的土壤
保持量呈现普遍增长趋势；1990—2015年，张掖市的平均土壤保持量整
体呈现下降趋势。

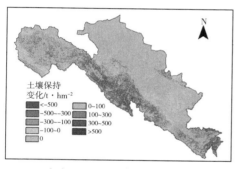

（a）1990—2000年土壤保持变化

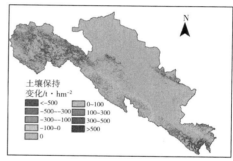

（b）2000—2010年土壤保持变化

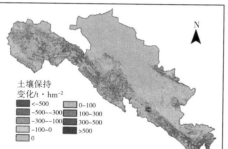

（c）2010—2015年土壤保持变化

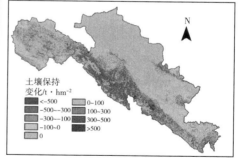

（d）1990—2015年土壤保持变化

图 5-10　张掖市 1990—2015 年不同时段土壤保持变化空间分布

2. 土地利用对土壤保持服务的影响

基于 InVEST 模型的输出结果，进一步利用空间统计分析工具对各期
的各土地利用类型的土壤保持总量、单位面积土壤保持量及所占比例进行
分析，结果如表 5-9 所示。结果显示，不同土地利用类型的土壤保持量

中，草地和林地的土壤保持量远大于其他土地利用类型，1990 年、2000
年、2010 年和 2015 年 4 期的林地和草地土壤保持总量占整个张掖市土壤
保持量的 95% 以上，其中草地的土壤保持量占比在 60% 左右，由此说明
张掖市的林地和草地对减少区域的水土流失、保持土壤肥力具有重要的作
用。张掖市内的建设用地面积占比很少，但其土壤保持量占比远高于耕地
和未利用地等，说明由人工措施保护的土地硬化能够有效减少土壤流失；
张掖市内的其他土地利用类型，如耕地、水域用地和未利用地的土壤保持
量几乎可忽略不计。1990—2015 年，张掖市林地和草地的土壤保持总量
呈现波动变化，主要原因：一方面是土地利用类型自身面积的变化引起土
壤保持量变化；另一方面是不同地区的降雨强度的变化，同种土地类型的
单位面积土壤保持量在不同时期不同降雨强度地区的大小也存在差异，由
此导致总的土壤保持量的变动。

表 5 - 9　张掖市 1990—2015 年各土地利用的土壤保持总量、模数和占比

年份	土壤保持	土地利用类型						
		耕地	林地	草地	建设用地	水域用地	未利用地	总计
1990年	总量/$10^8 m^3$	0.23	9.00	14.57	0.79	0.02	0.00	24.60
	土壤保持模数/$t \cdot hm^{-2}$	61.79	2 078.41	963.75	873.84	53.76	0.02	671.93
	土壤保持量占比/%	0.93	36.58	59.22	3.20	0.07	0.00	100.00
2000年	总量/$10^8 m^3$	0.20	7.30	11.80	0.65	0.02	0.00	19.96
	土壤保持模数/$t \cdot hm^{-2}$	50.45	1 693.89	789.48	746.51	45.85	0.02	554.37
	土壤保持量占比/%	0.99	36.59	59.11	3.24	0.08	0.00	100.00
2010年	总量/$10^8 m^3$	0.21	7.49	13.63	0.79	0.02	0.00	22.13
	土壤保持模数/$t \cdot hm^{-2}$	49.40	1 742.96	915.27	915.16	47.00	0.02	611.64
	土壤保持量占比/%	0.93	33.83	61.58	3.59	0.07	0.00	100.00
2015年	总量/$10^8 m^3$	0.14	5.52	9.32	0.55	0.01	0.00	15.55
	土壤保持模数/$t \cdot hm^{-2}$	31.63	1 271.91	627.78	629.72	28.29	0.02	431.56
	土壤保持量占比/%	0.91	35.49	59.96	3.57	0.08	0.00	100.00

　　降雨特征与土地利用的空间格局等因素共同影响土壤保持量的变化。
为进一步解析土地利用对土壤保持服务的影响，类似解析土地利用变化对
水资源供给服务的影响，本研究将输入 InVEST 中泥沙输移比模块的降雨

侵蚀因子共同设置为 1990—2015 年的多年平均降雨侵蚀因子，模拟中变化的参数仅为输入的土地利用空间图，模拟得到维持特定气候不变情况下的 1990 年、2000 年、2010 年和 2015 年的土地利用格局下张掖市的土壤保持量的变化，结果见表 5-10。1990—2015 年，相同气候条件下，各年份的潜在土壤侵蚀量几乎不存在变化，但张掖市总的土壤保持量存在较小的变化，具有微小的上升趋势，其土壤保持量增加 0.238 5×10⁸ t，比 1990 年上升 1‰左右，说明张掖市在气候不变的背景方案下，整体的土壤保持能力相对稳定，且部分地区的土壤保持量有所提升。发生土壤保持量变化的主要原因是土地利用类型的空间变化导致实际土壤侵蚀过程存在变化。

表 5-10 气候不变方案下张掖市 1990—2015 年土壤保持服务及其相关因子

方案设计	年份	潜在土壤侵蚀量/ 10^8 t	实际土壤侵蚀量/ 10^8 t	土壤保持量/ 10^8 t
S	1990	36.016 7	12.654 9	23.361 8
	2000	36.016 7	12.654 8	23.361 9
	2010	36.016 7	12.654 5	23.362 2
	2015	36.016 7	12.416 4	23.600 3
	2015—1990	0	−0.238 5	0.238 5

注：S 表示各年份输入的降水量与潜在蒸散量为 1990—2015 年的多年平均值。

根据 1990—2015 年土地利用转移空间图与 1990—2015 年气候不变背景方案下的土壤保持量变化空间图的空间叠加统计分析结果（表 5-11），可以看出其他用地向林地和草地的转移为土地利用转移过程中导致土壤保持量增加的主要原因。单位面积耕地转移为草地（+546 t·hm⁻²）或者耕地转移为林地（+2 196 t·hm⁻²）导致的土壤保持量增加的幅度要远高于单位面积草地转移为耕地（−127 t·hm⁻²）或林地转移为耕地（−419 t·hm⁻²）而导致的土壤保持量减少的幅度。由此说明不同土地利用类型之间的相互转移导致的土壤保持量的变化程度不同，其主要原因可能是土地类型发生转移的空间位置不同，而不同区域的各种土地利用类型的土壤保持能力不同，与其区域环境内的地形、土壤质地及气候等条件息息相关。图 5-11 显示了 2015 年的草地与林地的土壤保持量的空间分布情况。两种土地利用类型的土壤保持量的大小存在明显的区域差异性，可以看出在海拔高、坡度陡及气候冷湿等条件下的林地和草地的土壤保持能力都明显高于平原地区。因此，科学合理解析土地利用变化对生态系统中的土壤保持服务的影响，需要综合考虑多方面的因素。

表 5-11　气候不变方案下张掖市 1990—2015 年土地利用转移影响的土壤保持量变化

转移矩阵		2015 年土地利用						转出面积/km² 与土壤保持量/t·hm⁻²变化
		耕地	林地	草地	水域用地	建设用地	未利用地	
1990年土地利用	耕地/km²	3 533	8	88	5	41	18	161
	土壤保持量/t·hm⁻²	0	17 568	48 110	798	6 261	−57 314	−2 763 745
	林地/km²	41	4 245	35	4	1	5	85
	土壤保持量/t·hm⁻²	−17 202	0	−235 959	328	41	−596 241	1 021 567
	草地/km²	424	20	14 589	9	16	60	527
	土壤保持量/t·hm⁻²	−53 913	61 886	0	6 984	4 084	−5 231 972	−4 675 019
	水域用地/km²	46	0	13	818	2	22	83
	土壤保持量/t·hm⁻²	−2 364	−1	−36 241	0	0	−2 301 047	3 969 681
	建设用地/km²	9	0	1	1	306	0	12
	土壤保持量/t·hm⁻²	−4 647	0	−710	0	0	−330	832 253
	未利用地/km²	414	64	121	44	54	14 525	696
	土壤保持量/t·hm⁻²	299 327	15 117 127	11 706 747	5 033 608	85 430	0	12 843 932

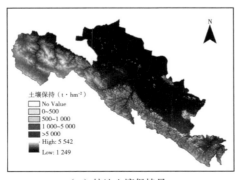

（a）林地土壤保持量

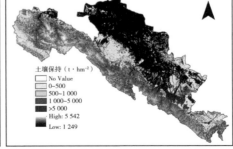

（b）草地土壤保持量

图 5-11　张掖市 2015 年林地和草地土壤保持空间分布

5.3.3　固碳服务

1. 碳储量时间变化特征

基于 1990 年、2000 年、2010 年和 2015 年的土地利用数据及整理得到的对应各类土地利用的碳库表，通过 InVEST 模型碳储存模块模拟得到张掖市各年份的碳储量评估结果。从图 5 - 12 可以看出，1990 年、2000 年、2010 年和 2015 年张掖市总的碳储量分别为 $5.70×10^8$ t、$5.69×10^8$ t、$5.71×10^8$ t 和 $5.74×10^8$ t。1990—2000 年张掖市的碳储量有小幅的下降，主要原因为林地和草地面积被耕地挤占而导致碳储量减少；2000 年后，张掖市的碳储量处于上升的趋势，碳储量的增加来自大量的未利用地转向耕地，以及林地面积的增加，从而导致区域总体的碳储量呈现上升趋势。

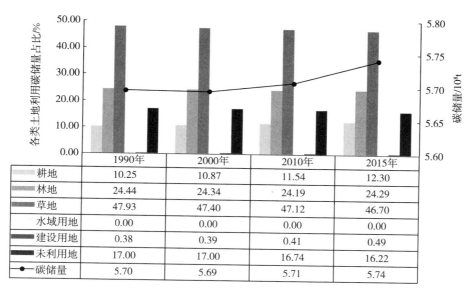

图 5 - 12　张掖市 1990—2015 年碳储量及各类土地利用的碳储量占比

不同土地利用类型碳储量能力由强到弱依次为林地、草地、耕地、建设用地、未利用地和水域用地，其中林地和草地的碳储量密度达到 320.11t • hm^{-2} 和 179.58t • hm^{-2}（表 5 - 12）。林地的碳储量能力虽然明显强于草地，但是由于草地数量的绝对优势，因此草地总体碳储量占比最高，草地和林地的碳储量多年平均分别占张掖市总碳储量的 47.29％ 和 24.32％（图 5 - 12），说明草地和林地对于张掖市的碳储存服务至关重要；张掖市的未利用地面积占比大，未利用地碳密度主要来源于土壤碳密度，未利用地总的碳储量多年平均占张掖市总碳储量的 16.74％；耕地对张掖市的碳储量也有一定的贡献，对张掖市总碳储量的贡献多年平均为 11.24％；由于建设用地碳密度较低，因此其贡献可忽略不计；而水域用地碳密度设置为 0，因此碳储量结果也为 0。

表 5 - 12　张掖市 1990—2015 年各类土地利用的碳储量

土地利用 类型	碳密度/ t·hm^{-2}	碳储量/10^{8}t				碳储量变化/10^{8}t			
		1990 年	2000 年	2010 年	2015 年	1990— 2000 年	2000— 2010 年	2010— 2015 年	1990— 2015 年
耕地	157.79	0.58	0.62	0.66	0.71	0.035	0.040	0.047	0.122
林地	320.11	1.39	1.39	1.38	1.39	−0.006	−0.005	0.014	0.002
草地	179.58	2.73	2.70	2.69	2.68	−0.031	−0.010	−0.008	−0.049
水域用地	0.00	0.00	0.00	0.00	0.00	0.000	0.000	0.000	0.000
建设用地	67.23	0.02	0.02	0.02	0.03	0.001	0.001	0.005	0.007
未利用地	63.18	0.97	0.97	0.96	0.93	−0.001	−0.013	−0.024	−0.038

　　针对张掖市的各土地利用类型的碳储量的变化统计分析（表 5 - 12）可以看出，1990—2015 年张掖市的耕地碳储量呈持续上升趋势，由 1990 年的 0.58×10^{8}t 增加到 2015 年的 0.71×10^{8}t，其中 2010—2015 年的耕地碳储量上升速率远高于前两个阶段，说明张掖市耕地一直处于扩张的阶段。张掖市的林地碳储量具有先下降后上升的趋势，2000—2010 年林地的碳储量下降速率低于 1990—2000 年的下降速率，且在 2010—2015 年出现大幅回升，从而总体上林地的碳储量增长了。张掖市的草地碳储量呈现下降的趋势，1990—2000 年草地碳储量下降速率较快，2000 年后由于实施了一系列的生态保护措施，草地碳储量下降速率有所减缓。未利用地由于面积逐年减少，总的碳储量也呈现持续下降的趋势，且下降的速率越来越快。建设用地作为人类的生活生产用地，多年来一直呈现增长趋势，因此碳储量也有所上升，但因为建筑用地绝对面积较小，碳储量增长

量微小。

2. 碳储量空间变化特征

InVEST 模型中的碳储量的空间计算，主要根据土地利用类型及其对应的碳库的碳密度表得到空间每个栅格的储碳量。本研究设置的各期的同种土地利用类型的碳库的碳密度值固定不变，因此空间上同种土地利用类型的碳密度的灰度值是相同的，以栅格为单元的碳储量的空间分布与各期的土地利用类型的空间分布具有一致性，如图 5-13 所示。从空间上看，张掖市的东南部固碳能力最强，中部较弱，西北部最差。主要原因在于东南部山区有储碳能力强的林地和草地集中分布，中部绿洲平原主要以耕地为主，碳密度值较低，而西北部则出现连片的荒漠等未利用地，其固碳能力相对更低。

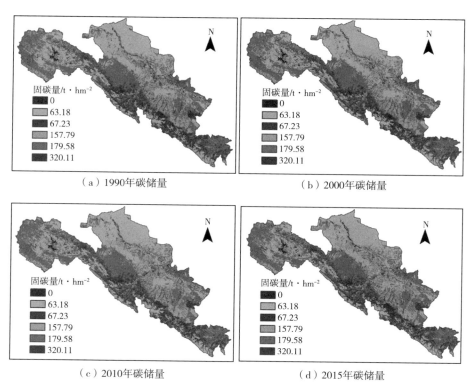

图 5-13　张掖市 1990—2015 年碳储量密度空间分布

5.3.4　植被 NPP

植被 NPP 是地表碳循环过程的重要组成部分，也是研究陆地生态系统可持续发展的关键指标，对评估生态系统为人类社会发展提供的物质供给与支持功能及全球变化对生态系统的影响具有重要意义。张掖市作为黑河流域内主要社会经济发展及人口集中区域，其生态系统受人类活动扰动影响尤为突出，因此分析研究张掖市的植被 NPP 的时空变化特征，对监测与评估其生态过程与生态系统状况具有重要意义。

1. 植被 NPP 的年际变化特征

本研究基于 MOD17A3 NPP 产品获取了 2000—2015 年的张掖市 NPP 数据，根据对 NPP 数据的空间信息统计分析结果，可以看到张掖市 NPP 均值最大值为 2015 年的 130.57gC · m^{-2}，最小值为 2001 年的 95.27gC · m^{-2}。基于线性趋势分析可知，张掖市 2000—2015 年的 NPP 总体呈现波动上升趋势（图 5-14），上升速率约为 1.18gC · m^{-2} · a^{-1}，线性趋势的 P 值小于 0.05，表明张掖市 NPP 的年际上升趋势较为显著。自 2000 年后张掖市的植被覆盖及其生态系统服务总体有所提升，其中 2001 年为张掖市植被 NPP 趋势变化的重要转折点，与黑河流域实施生态建设工程的时间点相吻合（程春晓等，2016），说明 2001 年以来黑河流域及张掖市实施的一系列生态保育措施对张掖市的生态环境改善具有重要作用。

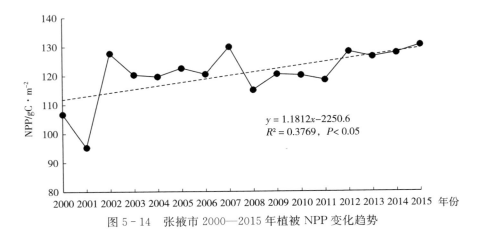

图 5-14　张掖市 2000—2015 年植被 NPP 变化趋势

2. 植被 NPP 的空间分布特征

为直观揭示张掖市的植被 NPP 空间分布特征，本研究计算了 2000—2015 年 NPP 均值的空间分布。图 5 - 15（a）结果表明，张掖市多年平均植被 NPP 介于 0～557.2gC · m^{-2}，多年平均值为 120.69gC · m^{-2}，空间分布具有明显的地区差异性，整体分布呈现从东南部向西北部减少的趋势。结合图 5 - 15（b）可以看出，在张掖市南部祁连山区和中部河流水系分布较多的绿洲平原地区的植被 NPP 值普遍较高，而北部大部分地区河流水系密度减少，呈现荒漠化趋势，其植被 NPP 达到最低值。结合土地利用空间分布叠加分析可知，张掖市的植被 NPP 高值地区主要有农作物及林草地分布，表明植被 NPP 与土地利用变化之间有密切联系。此外，张掖市植被 NPP 的空间分布与其气候条件的地带分布规律较为一致。

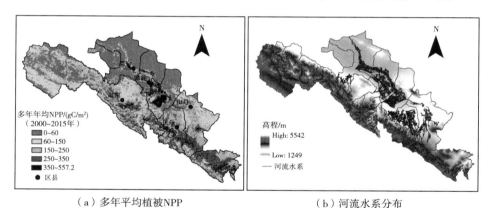

（a）多年平均植被NPP 　　　　（b）河流水系分布

图 5 - 15　张掖市 2000—2015 年多年平均植被 NPP 及河流水系空间分布

3. 植被 NPP 的时空变化趋势

为反映张掖市不同区域的 NPP 时空变化趋势，本研究应用趋势分析法对 2000—2015 年张掖市 NPP 进行一元线性回归，并对其变化趋势进行显著性检验。一元线性回归系数 θ_k 计算公式如下：

$$\theta_k = \frac{n \times \sum\limits_{i=1}^{n}(i \times NPP_{ki}) - \sum\limits_{i=1}^{n} i \sum\limits_{i=1}^{n} NPP_{ki}}{n \times \sum\limits_{i=1}^{n} i^2 - \left(\sum\limits_{i=1}^{n} i\right)^2} \tag{5-14}$$

式中，θ_k 表示回归趋势斜率，若 $\theta_k > 0$，说明 NPP 在研究时段内呈增

加趋势，反之则呈减少趋势，斜率的绝对值越大表明 NPP 变化量越大；k
表示计算栅格单元；n 表示时间长度；i 表示时间序列，$i=1$，2，$\cdots$，16
分别对应 2000 年，2001 年，$\cdots$，2015 年。同时利用 F 检验法对回归效果
进行显著性检验，确定其显著性水平。若 $P<0.05$，表示回归趋势显著；
$0.05<P<0.1$，表示回归趋势比较显著；$P>0.1$，表示回归趋势不显著。

　　图 5 - 16 显示为张掖市 2000—2015 年 NPP 的时空变化趋势及其对应
的显著性水平。从空间变化来看，2000—2015 年张掖市 NPP 呈增加趋势
的区域面积占 57%，平均增长趋势为 $2.16gC \cdot m^{-2} \cdot a^{-1}$，主要集中在张
掖市南部肃南县与民乐县；其中增加显著（$P<0.05$）的区域集中在张掖
市中南部的肃南区中部、民乐县及甘州区与临泽县沿河流水系区域。NPP
呈减少趋势的区域面积只占 4.13%，平均减少趋势为 $-1.21gC \cdot m^{-2} \cdot a^{-1}$，
主要集中在张掖市甘州区内且较为显著（$P<0.05$）；其中无植被覆盖区
域的 NPP 无变化，占张掖市总面积的 38.87%，主要分布在肃南县的西
北部及高台县、临泽县与甘州区的西北部区域。整个张掖市的 NPP 变化
趋势的平均值为 $1.18gC \cdot m^{-2} \cdot a^{-1}$，这与图 5 - 14 中 NPP 波动上升的变
化趋势吻合。

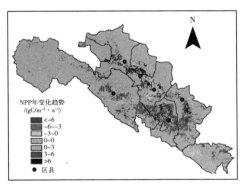
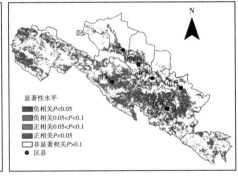

（a）NPP年变化趋势　　　　　　　　　　（b）显著性水平

图 5 - 16　张掖市 2000—2015 年植被 NPP 时空变化趋势及其显著性水平

4. 土地利用对植被 NPP 的影响

　　土地利用变化直接影响着植被的生产力，本研究利用空间统计分析工
具对各期的各类土地利用的植被 NPP 总量、平均值及所占比例进行了统

计分析，结果见表 5 - 13。从表 5 - 13 中可见，耕地和林地的植被 NPP 平均值远大于其他土地利用类型，2000 年、2010 年和 2015 年三期的平均值分别为 235.84gC·m^{-2} 和 235.17gC·m^{-2}；草地和建设用地的植被 NPP 仅次于耕地和林地，其三期的植被 NPP 的平均值分别为 131.24gC·m^{-2} 和 116.77gC·m^{-2}，水域用地和未利用地的植被 NPP 平均值相对较小，分别为 108.11gC·m^{-2} 和 71.94gC·m^{-2}。其中，建设用地的植被 NPP 平均值要高于草地植被 NPP 的平均值，可能原因为 NPP 数据为 1km×1km 栅格，而张掖市的城镇建设用地面积较少，且分散分布，在 1km 尺度下的建设用地栅格主要包括了城镇周边的耕地植被类型，因此建设用地的平均植被 NPP 值较高。张掖市内草地的植被 NPP 总量占比最高，三期平均达到 41.32%，主要原因为草地的绝对面积占比较大，林地和耕地的植被 NPP 总量占比次之，三期平均占比为 21.50% 和 20.88%。

表 5 - 13　张掖市 2000—2015 年各类土地利用植被 NPP 总量、平均值及占比

年份	NPP	土地利用类型						
		耕地	林地	草地	水域用地	建设用地	未利用地	总计
2000	NPP 总量/TgC	0.86	0.94	1.73	0.07	0.07	0.57	4.24
	NPP 平均值/gC·m^{-2}	220.53	216.98	115.58	99.00	115.22	66.27	138.93
	占比/%	20.37	22.08	40.77	1.67	1.69	13.42	100.00
2010	NPP 总量/TgC	0.98	1.01	2.00	0.08	0.08	0.62	4.77
	NPP 平均值/gC·m^{-2}	234.48	234.91	134.33	107.50	106.14	72.44	148.30
	占比/%	20.50	21.17	41.97	1.70	1.58	13.07	100.00
2015	NPP 总量/TgC	1.13	1.10	2.14	0.09	0.09	0.64	5.18
	NPP 平均值/gC·m^{-2}	252.50	253.62	143.81	117.82	128.94	77.12	162.30
	占比/%	21.77	21.24	41.23	1.77	1.69	12.30	100.00

受气候因素等影响，各类土地利用的植被 NPP 平均值均具有上升趋势，同时受各类土地利用面积影响，各类土地利用的植被 NPP 总量占比呈现波动变化。主要土地利用类型中，耕地植被 NPP 的占比呈不断上升趋势，主要原因为耕地的植被 NPP 均值与耕地面积都有所提升；林地植被 NPP 的占比呈先降低后上升趋势，主要原因为林地面积呈先下降后上升趋势；草地植被 NPP 的占比呈先上升后下降趋势，主要原因为草地植

被 NPP 总量同时受草地 NPP 质量和草地面积的影响，前一阶段草地 NPP 质量的上升趋势抵消了由于草地面积下降而导致的 NPP 总量的下降趋势，而后一阶段草地面积下降带来的影响超过了草地植被 NPP 上升的影响。可以看出，张掖市植被 NPP 的时空动态变化受气候波动和人类活动的共同影响，气候变化趋势影响植被 NPP 的质量变动，而人类活动导致的土地利用的时空变化直接导致了植被 NPP 总量变化的时空差异。

5.4　本章小结

基于土地利用数据、气候数据及其他自然数据基础，本章采用 InVEST 模型及基于遥感获取的植被 NPP 产品相关数据定量评估了不同时期张掖市的水资源供给、土壤保持与固碳服务以及植被 NPP 等关键生态系统服务的物理量，同时对各项生态系统服务的时空变化特征进行了解析。主要结论如下。

（1）基于 InVEST 模型模拟得到的张掖市 1990 年、2000 年、2010 年及 2015 年的产水量分别为 $29.25 \times 10^8 \mathrm{m}^3$、$28.38 \times 10^8 \mathrm{m}^3$、$33.80 \times 10^8 \mathrm{m}^3$ 和 $35.20 \times 10^8 \mathrm{m}^3$，集水区尺度的产水深度呈现从东南部向西北部逐步减少的空间分布规律，这主要与张掖市的林地和草地以及耕地等主要土地利用类型的空间分布差异及降水量等气候要素的空间分布特征有关。1990—2015 年，张掖市的降水量呈先减少后增加的趋势，与产水量的变化趋势一致，说明气候变化是影响张掖市水资源供给服务的重要因素。从空间变化来看，张掖市上游地区产水量增加，而中部走廊和西北部产水能力呈现局部减少，总体呈现产水量增加的变化趋势。在土地利用与气候条件共同影响下，张掖市不同土地利用类型的平均产水能力从大到小依次为林地、草地、耕地、未利用地、建设用地、水域用地。在控制气候不变背景方案下，土地利用类型之间的转移造成张掖市产水量的变化，其中其他用地转为林地后产水能力下降，转为草地后产水能力上升，说明在同等气候条件下林地对区域内的产水起抑制作用，草地则对产水具有促进作用。气候变化和土地利用是影响张掖市水资源供给服务变化的重要因素。其中，气候变化通过改变降水量影响水资源供给的大小，土地利用主要通过改变植被覆盖及其蒸散发系数作用于区域地表产水的形成过程，从而影响水资源供给服务的变化。因此，在张掖市参与的黑河流域治理过程中，需要综合考量气候要素与土地利用变化的共同作用，因地制宜发展具有不同蒸散系数的植被，如相比于发展林地，可以先发展蒸散量较低的灌草植被。

（2）InVEST 土壤保持模块评估结果显示，张掖市 1990 年、2000 年、2010 年和 2015 年 4 期的土壤保持量分别为 24.6×10^8 t、19.96×10^8 t、22.13×10^8 t 和 15.55×10^8 t。张掖市的土壤保持服务的空间分布格局基本稳定，土壤保持量较大的地区分布于张掖市东南部祁连山区的山地森林与草地地区，中部的绿洲农业区及西北部的荒漠地区的土壤保持量较低。1990—2015 年，土壤保持量总体呈下降趋势，不同时段的土壤保持量空间变化具有差异性。土壤保持量变化与降雨侵蚀力变化具有密切联系，降雨侵蚀力下降导致潜在土壤侵蚀量下降幅度超过实际土壤侵蚀量下降幅度，由此引起土壤保持量的下降。受土地利用与气候条件的共同影响，不同土地利用类型的土壤保持量中，草地和林地的土壤保持量远大于其他土地利用类型，1990 年、2000 年、2010 年和 2015 年的林地和草地的土壤保持总量占整个张掖市土壤保持量的 95% 以上，说明张掖市内的林地和草地能够有效保持土壤，减少土壤流失。气候不变方案下，其他用地向林地和草地的转移是土地利用转移过程中导致土壤保持量增加的主要来源。由于同种土地利用类型自身的土壤保持量的大小存在明显的区域差异性，因此不同土地利用类型之间的相互转移导致的土壤保持量的变化程度不同。受降雨强度等气候要素及地形、土地利用类型等条件的影响，张掖市内土壤保持量高的地区，潜在土壤侵蚀量也较高，这些地区应该重点保护，如果该地区生态一旦受到破坏，将导致严重的土壤侵蚀的发生。

（3）InVEST 模型的固碳模块评估结果显示，1990 年、2000 年、2010 年和 2015 年张掖市总的碳储量分别为 5.70×10^8 t、5.69×10^8 t、5.71×10^8 t 和 5.74×10^8 t，其中 1990—2000 年固碳量的小幅下降主要是因为林地和草地被耕地挤占；2000—2015 年，张掖市的固碳服务整体上不断增强，主要因为大量的未利用地转为耕地，以及林地面积得到有效恢复。不同土地利用类型的固碳服务中，林地和草地的碳储存量明显高于其他土地利用类型，此外，耕地也发挥一定的固碳作用。从空间上看，张掖市的东南部固碳能力最强，中部较弱，西北部最差，主要与土地利用类型有关。

（4）张掖市植被 NPP 的空间分布与动态变化分析结果显示，张掖市 2000—2015 年的植被 NPP 总体呈现波动上升趋势，上升速率为 $1.18gC \cdot m^{-2} \cdot a^{-1}$，其中 2015 年的植被 NPP 均值最大，为 $130.57gC \cdot m^{-2}$，2001 年的植被 NPP 均值最小，为 $95.27gC \cdot m^{-2}$，是 NPP 呈现上升趋势的转折点，说明 2001 年以来黑河流域及张掖市实施的一系列生态保育措施对张掖市的生态环境的改善具有重要作用。不同土地利用类型的植被 NPP 积累中，耕地和林地的植被 NPP 平均值远大于其他土地利用类型。从空间分布及时空变化来看，张掖市植被 NPP 呈现从东南部向西北部减少的分布趋势，2000—2015 年，张掖市植被 NPP 呈上升和下降趋势的区域面积分别占总面积的 57% 和 4.13%，上升区域主要分布于张掖市中南部的肃南区中部、民乐县及甘州区与临泽县沿河流水系区，下降区域主要在张掖市甘州区内。张掖市植被 NPP 的时空动态变化受气候波动和人类活动的共同影响，气候变化趋势影响植被 NPP 的质量变动，而人类活动导致的土地利用的时空变化直接造成植被 NPP 总量变化的时空差异。

第6章 生态系统服务空间动态变化驱动机制解析

解析生态系统服务空间动态变化的驱动机制是基于生态系统服务评估的进一步重要工作，对于揭示生态系统服务时空变化的原因、机制和过程，以及服务决策支持、提供针对性建议具有重要意义。生态系统服务变化受土地利用、气候变化等自然驱动力及社会经济发展等人文驱动力的驱动影响。各类驱动因子在不同层次综合影响着生态系统服务变化的程度与方向。本章为综合考虑各类驱动力在不同层次对各项关键生态系统服务变化的驱动机制，拟采用多层次模型进行解析。

6.1 多层次模型

6.1.1 模型原理

多层次模型是基于一系列非同一层次的自变量，对因变量的值进行估计，是一种集成不同空间尺度与管理层次以及它们之间相互作用的统计模型（Goldstein，2011）。多层次模型创建于20世纪80年代，首先被应用于社会科学与健康科学研究中。在过去的几十年间，多层次模型在各学科内发展，并被给予了不同的称呼，包括分层线性模型、随机系数模型、混合效应模型、协方差结构模型及增长曲线模型等（Luke，2004）。多层次模型相对于传统回归模型的优势在于处理具有层次结构的数据的结果更为准确可靠。当变量存在不同层次时，多层次模型可以将因变量中的变异分解为两个部分，其中一部分归因于同一组内的个体差异（即组内差异）；另一部分归因于不同组之间的个体差异（即组间差异），通过分解组层次效果和个体层次效果，揭示组间和个体之间的关系。因此，多层次模型能够有效链接宏观层面和微观层面的数据，处理具有层次结构的数据，避免了传统回归模型带来的"生态学谬误"或"原子谬误"。以基本二层模型为例，多层次模型的一般形式如下：

第一层（微观）：$Y_{ij} = \beta_{0j} + \beta_{1j}X_{ij} + \varepsilon_{ij}$

第二层（宏观）：$\beta_{0j} = \gamma_{00} + \gamma_{01}Z_j + u_{0j}$ （6-1）

$$\beta_{1j} = \gamma_{10} + \gamma_{11}Z_j + u_{1j}$$

以上方程组列出了所有因变量和自变量，清晰地描述了模型的多层次特征。模型的第一层类似典型的最小二乘（OLS）多元回归，然而下标 j 表明其估计随着第二层特征值的变化而不同，即研究对象中的宏观层次的每个组中都有其各自的平均截距 β_{0j}，且变量的斜率 β_{1j} 也在宏观层次每个组中有所不同。因此，允许模型的截距和斜率在宏观层次的不同组之间变化是多层次模型的核心观点——将截距和斜率作为第二层自变量的结果。

模型的第二层表明了第一层模型的参数受到第二层变量的影响，β_{0j} 表示第一层模型的截距；γ_{00} 表示在控制第二层自变量 Z_j 时，第一层因变量的均值；γ_{01} 表示第二层自变量 Z_j 的斜率；u_{0j} 表示误差项，即未被模型化的变项。第二层的第二个方程的解释与此类似，但此方程拟合的是二层变量对 X_{ij} 的斜率；β_{1j} 表示第一层模型的斜率，γ_{10} 表示控制 Z_j 时的均值，γ_{11} 表示 Z_j 的斜率，而 u_{1j} 表示其误差项。

将第二层方程代入第一层可得到合并的完整模型：

$$Y_{ij} = [\gamma_{00} + \gamma_{10}X_{ij} + \gamma_{01}Z_j + \gamma_{11}Z_jX_{ij}] + [u_{0j} + u_{1j}X_{ij} + \varepsilon_{ij}]$$

（6-2）

此方程为多层次模型的单个方程形式，该方程形式相对简洁，清楚地表明了模型的固定效应部分（带 γ 部分）以及随机效应部分（带 u 和 ε 部分），因此其被称为"混合模型"或"混合效应模型"，该模型主要有如下假设：

$$\varepsilon_{ij} \sim N(0, \sigma^2), E\begin{bmatrix} u_{0j} \\ u_{1j} \end{bmatrix} = \begin{bmatrix} 0 \\ 0 \end{bmatrix},$$

$$Cov\begin{bmatrix} u_{0j} \\ u_{1j} \end{bmatrix} = \begin{bmatrix} \tau_{00} & \tau_{01} \\ \tau_{10} & \tau_{11} \end{bmatrix} = G$$

（6-3）

6.1.2　模型构建

1. 零模型

零模型又可称为单维随机效应方差分析，或称为虚无模型（Null Model），多被视为起始模式。该模型中有组别及个体层次的区别，但仅有因变量，没有任何自变量，仅对因变量进行回归。常常以零模型估计因变量的组间效应，从而判断是否有必要建立多层次模型，若判断无组间效应，则用一般多元统计方法分析数据即可。其判断的标准可以用组内相关系数（Intraclass Correlation Coeficient，ICC）来衡量。在多层模型构建过程中，第一步总是先运行零模型，其形式如下：

第一层（微观）：$Y_{ij} = \beta_{0j} + \varepsilon_{ij}$

第二层（宏观）：$\beta_{0j} = \gamma_{00} + u_{0j}$　　　　　　　　　（6-4）

其中，第一层的随机效应 ε_{ij} 的方差为 σ^2，第二层的随机效应 u_{0j} 的方差为 τ_{00}，在该模型中，因变量 Y_{ij} 的方差为：

$$\mathrm{Var}(Y_{ij}) = \mathrm{Var}(\gamma_{00} + u_{0j} + \varepsilon_{ij}) = \tau_{00} + \sigma^2 \quad (6-5)$$

组内相关系数 ICC 的表达式为：

$$ICC = \rho = \frac{\tau_{00}}{\tau_{00} + \sigma^2} \quad (6-6)$$

式中，τ_{00} 表示宏观层次存在的差异，若 τ_{00} 显著不等于 0，则说明因变量存在组间差异，需要使用多层次模型进行方差成分分解及参数估计。另外，若需要确定组间的差异对因变量的影响程度，可以通过组内相关系数 ρ 来反映，ρ 越大，表明第二层的方差占总方差的比例越大，组间的差异对因变量的影响程度也越大。ρ 也表示组内个体相关的程度，较高的组内相关系数也同样揭示出数据中的各项观察值之间并不彼此独立的状况，即数据的聚类本质。多层次模型放松了最小二乘法模型的各项观察值以及误差项彼此独立的重要假设，允许误差结构的存在，若最小二乘法被错误地运用于带有相关误差项的聚类数据，则会低估标准误，而使用多层次模型可使估计正确无偏误。

2. 随机效应模型——加入第一层自变量

从简单模型到复杂模型的建立，比较典型的方法是由下而上地建立模型，从第一层的变量出发，在零模型的基础上进一步加入第一层的自变量，模型形式如下：

第一层（微观）：$Y_{ij} = \beta_{0j} + \beta_{1j} X_{ij} + \varepsilon_{ij}$

第二层（宏观）：$\beta_{0j} = \gamma_{00} + u_{0j}$ （6-7）

$\beta_{1j} = \gamma_{10} + u_{1j}$

此方程包含第一层的自变量，且允许第一层截距和变量的斜率在组间变动，但此处未引入第二层变量，该模型的混合效应模型形式如下：

$$Y_{ij} = [\gamma_{00} + \gamma_{10} X_{ij}] + [u_{0j} + u_{1j} X_{ij} + \varepsilon_{ij}] \quad (6-8)$$

拟合多层次模型的关键在于估计其统计参数，即固定效应的回归参数（γ）及随机效应的方差分量。对于模型的随机效应部分，主要考虑其方差分量，因而不能以"效应"解释，相反，非零的方差分量表明有未被模型化的差异存在，这一信息可帮助决定是否仍需添加其他变量到模型中。

3. 随机截距模型——加入第二层自变量

考虑潜在的第二层自变量时，首先考虑仅将截距作为第二层自变量结果的多层次模型，其基本形式如下：

第一层（微观）：$Y_{ij} = \beta_{0j} + \varepsilon_{ij}$

第二层（宏观）：$\beta_{0j} = \gamma_{00} + \gamma_{01} Z_j + u_{0j}$ （6-9）

该模型可称为随机截距模型，只包含了第二层的自变量，且只允许第一层截距在组间变动，该模型的混合效应模型形式如下：

$$Y_{ij} = [\gamma_{00} + \gamma_{01} Z_j] + [u_{0j} + \varepsilon_{ij}] \quad (6-10)$$

该模型主要是确定每个第二层自变量与因变量之间的关系，以获得单个第二层变量对因变量层间的解释程度，可用方差削减比（Variance Reduction Ratio，VRR）说明，方差削减比的计算公式如下：

$$VRR = \frac{\tau_{00} - \tau'_{00}}{\tau_{00}} = 1 - \frac{\tau'_{00}}{\tau_{00}} \quad (6-11)$$

其中，τ_{00}表示没有加入第二层变量时的零模型中的第二层随机效应的方差，τ'_{00}表示加入第二层变量后的随机截距模型中的第二层随机效应的方差。方差削减比VRR的值越大，说明第二层自变量对因变量层间差异的解释程度越强。

4. 全模型

全模型既包含了第一层自变量也包含了第二层自变量，第一层的截距和斜率都受到第二层自变量的影响，该模型形式如下：

第一层（微观）：$Y_{ij} = \beta_{0j} + \beta_{1j}X_{ij} + \alpha W_{ij} + \varepsilon_{ij}$

第二层（宏观）：$\beta_{0j} = \gamma_{00} + \gamma_{01}Z_j + u_{0j}$　　　　　（6-12）

$\beta_{1j} = \gamma_{10} + \gamma_{11}Z_j + u_{1j}$

合并模型的形式如下：

$$Y_{ij} = [\alpha W_{ij} + \gamma_{00} + \gamma_{10}X_{ij} + \gamma_{01}Z_j + \gamma_{11}Z_jX_{ij}] + [u_{0j} + u_{1j}X_{ij} + \varepsilon_{ij}]$$

（6-13）

其中，第二层变量 Z_j 对第一层的随机截距的 β_{0j} 的效应（γ_{01}）是 Z_j 对截距测量 Y_{ij} 的主效应，在随机效率中加入 Z_j，在模型中产生了 Z_j 与第一层变量 X_{ij} 的跨水平交互作用。此外，若某些第一层自变量的斜率经检验为固定的，如变量 W_{ij} 的斜率固定，而且研究中对固定部分感兴趣，则把固定部分纳入模型中，即模型（6-12）的形式。

方程（6-12）是典型的多层次模型形式，多层次模型有 3 种形式，如图 6-1 所示，分别有随机截距模型、随机斜率模型及随机截距与随机斜率模型。在实际估计中，应当根据实际情况选择某一种形式进行估计，确定数据有几层，各层分别有多少自变量需要考虑，将第一层的斜率或截距，或两者共同作为第二层特征的结果。研究时应该综合考虑理论背景及数据证据，作出决定。

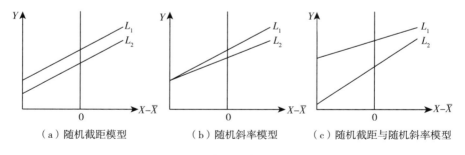

（a）随机截距模型　　　（b）随机斜率模型　　　（c）随机截距与随机斜率模型

图 6-1　多层次模型的形式

6.2　生态系统服务变化驱动机制模型构建

基于 InVEST 模型模拟产生了基于栅格尺度及集水区尺度的生态系

服务评估结果，其中栅格尺度主要服务于生态系统服务的空间表达，以及提供模型模拟的校正或验证，而基于集水区尺度的生态系统服务的空间格局及驱动机制分析结果可为区域的管理决策提供可靠依据。生态系统服务的主导作用与效果的表达具有特定的时空尺度，不同尺度生态系统服务表达的生态学机理有所不同（王军顿和耀龙，2015）。InVEST 模型在集水区尺度对生态系统服务的评估结果已十分成熟，同一集水区内的土壤理化性质及降雨条件等差异小，是生态系统服务形成的重要空间尺度，因此以集水区为研究单元，解析生态系统服务变化的各类驱动因子在不同层次驱动机制更为科学合理。本研究以基于 DEM 数据生成的集水区为研究单元，分别通过区域空间统计工具 Zonal Statistics 统计每个集水区的各类土地利用面积占比、产水深度、单位面积土壤保持量、平均碳密度、平均 NPP、平均降水量和平均气温等变量因子，并按照每个集水区所占各个县区的面积大小，将每个集水区分类至各个县区单元。

　　生态系统服务变化受自然条件与社会经济等因素的影响，为了分析不同层次驱动力对生态系统服务变化的影响，本研究通过构建多层次模型来分析微观集水区层次自然条件驱动因子与宏观县域层次社会经济驱动因子对生态系统服务动态变化的驱动机理。所采用的模型为三层次面板模型，将集水区尺度的各关键生态系统服务的单位面积供给量作为因变量，将各种潜在驱动因子作为自变量。面板数据是对同一样本多次重复观测得到的数据，重复观测嵌套在个体对象之中，因而将重复观测作为第一层（t），集水区作为第二层（i），县级区域作为第三层（j）。采用的多层次模型可以表述成以下形式：

$$\log(Y_{ijt}) = \beta_0 + \beta_1 Year_{ijt} + \beta_2 Year_{ijt}^2 + \sum_{p=1}^{P} \alpha_p X_{pijt} + \sum_{q=1}^{Q} \lambda_q X_{qij} +$$

$$\sum_{r=1}^{R} \gamma_r Z_{rjt} + u_{0ij} + u_{1ij} Year_{ijt} + v_{0i} + \varepsilon_{ijt} \qquad (6-14)$$

　　式中，Y_{ijt} 表示县区 j 与集水区 i 在时间 t 的生态系统服务单位面积供给量，张掖市基于集水区层次的各年份关键生态系统服务的统计特征信息如表 6-1 所示；X_{pijt} 表示气温、降雨、日照时数、相对湿度等集水区层次随时间变化的驱动因子；X_{qij} 表示集水区层次上的不随时间变化的自然条件及区位条件等驱动因子,如土壤属性、地形、区位距离等;Z_{rjt} 表示县域层次上的随时间变化的社会经济因子,如人口、城镇化率、GDP、产业结构、农村居民人均收入、粮食产量等;β_0 表示固定截距项,β_1 与 β_2 分别表示时间变量一次项和二次项的固定待估系数;u_{0ij} 表示集水区层次上变动的随机截距项,满足均值为 0,方差为 τ_0^2 的正态分布;v_{0i} 表示县域层次上的随机截距,满足均值为 0,方差为 π_0^2 的正态分布;ε_{ijt} 表示误差项,为满足均值为 0,方差为 σ_0^2 的正态分布;u_{1ij} 表示与时间变量 $Year_{ijt}$ 交互的随机斜率。由此可得到一个带有时间层次上的随机误差项 ε_{ijt},集水区层次上的随机截距 u_{0ij},时间交互的随机斜率 u_{1ij} 及县域层次上的随机截距 v_{0i} 四类随机效应的多层次模型,该四类随机效应分布也可看成满足独立正态分布。不同层次上的驱动因素变量被逐步加入到模型中,以分析其对因变量的影响。

表 6 - 1 张掖市 1990—2015 年各项关键生态系统服务统计特征

类别	符号	变量名称	平均值			
			1990 年	2000 年	2010 年	2015 年
生态系统服务	Y1	产水深度/mm	57.94	54.76	68.21	68.07
	Y2	土壤保持模数/t·hm⁻²	500.71	406.94	454.54	314.26
	Y3	碳密度/t·hm⁻²	132.62	132.98	133.49	134.35
	Y4	NPP/gC·m⁻²	105.67	100.55	111.72	122.49

基于式(6-14)给出的生态系统服务变化驱动机制的模型框架,需要进一步选取各层次的关键驱动因子。生态系统服务变化驱动机制解析的基础是生态系统服务变化驱动因子的识别和分析。不同层次驱动因子的类型与作用强度不同,驱动因子识别分析有助于深入研究生态系统服务变化的原因和机制,寻求优化调控和管理对策,使得生态系统服务朝着有利于人类社会可持续发展的方向变化。

6.2.1 微观层次自然驱动因子

驱动生态系统服务变化的自然因子包括自然基础和外部环境条件。自然基础对生态系统的自然属性起着直接作用,外部环境条件通过影响生态系统的自然属性对其变化产生影响。自然环境驱动因子（自然驱动因子）主要包括土地、气候、土壤、水文、地形地貌等。此外，由于各类关键生态系统服务的形成过程及机理存在差别，其自然驱动因子也存在差别。综合考虑张掖市各项关键生态系统服务的特点，结合相关研究资料，收集了主要的自然环境驱动因子，本研究构建出表征张掖市自然和环境变化的驱动因子如表6-2所示。土地利用因子用各种类型土地的面积占比表示。土地利用是生态系统的重要载体，直接影响着区域生态系统服务供给量的大小；水文气候条件主要包括气温、降雨、相对湿度、蒸散量及降雨侵蚀力等。水文气候条件主要作用于生态系统过程，从而对生态系统服务产生影响；土壤属性包括土壤深度、土壤可蚀性因子及土壤有机质含量等，土壤是陆地生态系统地表植被生长的基础，同时是生态系统中重要的碳库，对各项生态系统服务有着重要的影响；地形条件是决定土地利用、气候变化影响生态系统服务变化的重要自然基础条件因子，对生态水文过程也有重要影响。

表6-2 张掖市生态系统服务动态变化的自然环境驱动因子及其统计特征

类别	符号	变量名称	平均值			
			1990 年	2000 年	2010 年	2015 年
土地利用	X11	耕地面积占比/%	10.83	11.99	12.81	14.04
	X12	林地面积占比/%	8.14	8.11	8.06	8.09
	X13	草地面积占比/%	34.38	33.63	33.48	33.23
	X14	水域用地面积占比/%	2.82	2.47	2.44	2.58
	X15	建设用地面积占比/%	1.01	1.06	1.13	1.36
	X16	未利用地面积占比/%	42.81	42.74	42.07	40.69
水文气候条件	X21	降雨/mm	196.63	186.47	2 246.94	203.42
	X22	气温/℃	5.57	5.61	6.29	6.63
	X23	潜在蒸散量/mm	942.52	946.48	921.53	958.68
	X24	实际蒸散量/降水量	0.787 5	0.788 5	0.746 4	0.760 3
	X25	日照时数/h	3 153.08	3 118.96	2 939.93	2 819.34
	X26	相对湿度/%	51.66	51.69	52.67	48.40
	X27	降雨侵蚀力/mm	778.32	615.66	765.33	465.95

（续）

类别	符号	变量名称	平均值			
			1990 年	2000 年	2010 年	2015 年
土壤属性	X31	土壤深度/mm	830.20			
	X32	土壤有效含水量/%	0.11			
	X33	土壤有机质含量/%	1.45			
	X34	土壤可蚀性因子 K	0.03			
地形条件	X41	高程 DEM/m	2 368.20			
	X42	坡度/°	19.07			

6.2.2　宏观层次人文驱动因子

宏观层次人文驱动力相对于微观层次自然驱动力而言更为活跃。在短时间尺度，人类的社会经济活动是生态系统服务变化的最主要驱动力，人类社会经济驱动因子的辨识在生态系统服务动态变化驱动机制研究中占有十分重要的地位（降同昌等，2010）。人文驱动因子的选取是分析人类活动对生态系统服务影响的关键。表征人文因素的指标涉及面十分广泛，总结相关研究资料，在选取人文驱动因子时至少包括涉及人口规模变化、经济发展、技术进步、人民生活水平等驱动生态系统服务变化的主要因子。

张掖市是黑河流域内受人类活动影响强烈的区域，根据张掖市的区域特色与相关资料总结，基于 1990—2015 年社会经济统计年鉴，选取能够最大程度代表张掖市社会经济发展的指标，构建出表征张掖市人类活动的驱动因子，如表 6-3 所示。因变量为单位面积的生态系统服务供给量，因此部分社会经济变量采用单位面积的值。本研究采用单位面积的 GDP、第三产业产值占 GDP 的比例（第三产业产值比例）、农民人均纯收入表征经济的发展与社会的富裕程度；第三产业产值比例可以反映一定的土地利用集约利用，从而影响生态系统服务的变化；人口密度和城镇化率表征地区的人口与社会发展特征；单位面积、粮食总产量和肉类总产量表征张掖市的农牧业生产状况；单位面积的农业机械总动力和有效灌溉面积占比表征张掖市的生产技术的发展状况。宏观经济变量的影响效应存在一定的滞后性，因此分析该类变量对生态系统服务变化的影响时，需要对变量进行滞后处理。本研究利用上一年的值作为滞后变量以解析对当前因变量产生的影响。

表 6-3　张掖市生态系统服务动态变化的人文驱动因子及其统计特征

类别	符号	变量解释	平均值			
			1989 年	1999 年	2009 年	2014 年
社会经济	Z11	地均 GDP/(万元/km²)	3.9	18.4	64.2	125.7
	Z12	第三产业产值比例/%	24.0	23.8	27.3	32.7
	Z13	农民人均纯收入/元	626.7	3 074.5	5 478.4	10 609.9
人口	Z21	人口密度/(人/km²)	34.6	39.0	39.8	40.0
	Z22	城镇化率/%	15.8	19.9	27.5	27.9
农牧业生产	Z31	地均粮食总产量/(t/km²)	25.1	30.2	30.2	37.8
	Z32	地均肉类总产量/(t/km²)	1.1	2.0	3.3	4.1
生产技术	Z41	地均农业机械总动力/(kW/km²)	1.5	32.0	59.8	75.3
	Z42	有效灌溉面积占比/%	4.1	4.0	4.6	5.5

6.3　关键生态系统服务变化的驱动机制

6.3.1　建模过程

本研究将各项关键生态系统服务作为因变量，各类驱动因子作为自变量，采用多层次模型探讨各层次驱动因子对各项生态系统服务的综合驱动机制。参照 6.1.2 节中所介绍的建模过程，以水资源供给服务 log（Y_1）变化驱动机制研究为主要示例，说明基于多层次模型的生态系统服务动态变化驱动机制研究的建模过程，之后依次解析各层次驱动因子对各项关键生态系统服务变化的影响。

以分析不同层次驱动因子对水资源供给服务 log(Y_1) 的影响为例，本节所采用的模型为一个二层次面板模型，与 6.1.2 节中介绍的一般二层模型有所区别。由于面板数据是对同一个体（集水区）不同时间模拟得到的数据，多次模拟嵌套在个体集水区对象之中，因而可将重复模拟作为第一层次（t），集水区作为第二层次（i），而集水区还嵌套于县域层次，则将县域层次作为第三层次（j）。通过建立一系列多层次模型，并对这一系列模型进行比对，最后选择一个较为符合标准的模型作为最终解释模型。

首先，为了判定时间变量 $Year$ 在模型中的正确形式，基于集水区层次建立含有时间变量的空模型，并比较其与一般回归模型的模拟结果。一般回归模型的形式如方程（6-15）所示，仅带有第一层次的随机误差项 ε_{it}。由于存在层次性，对一般回归模型进行改进，构建带有集水区层次随机截距项的两个基本模型，如方程（6-16）和方程（6-17）所示，对只有时间变量的模型进行拟合。该类模型可看成零模型，因为其中除了时间变量外，没有加入任何其他的解释变量。

$$\log(Y_1)_{it} = \beta_0 + \beta_1 Year_{it} + \varepsilon_{it} \qquad (6-15)$$

$$\log(Y_1)_{it} = \beta_{00} + \beta_1 Year_{it} + u_{0i} + \varepsilon_{it} \qquad (6-16)$$

$$\log(Y_1)_{it} = \beta_{00} + \beta_1 Year_{it} + \beta_2 Year_{it}^2 + u_{0i} + \varepsilon_{it} \quad (6-17)$$

其中，β_0 表示截距项；β_1 表示待估系数；β_{00} 表示固定截距项；u_{0i} 代表集水区层次上变动的随机截距项，满足均值为 0、方差为 τ_{u0}^2 的正态分布；ε_{it} 为满足均值为 0、方差为 σ_0^2 的正态分布的误差项；β_2 为时间二次项的待估系数。方程（6-16）和方程（6-17）的估计结果（表6-4）显示，时间的一次项的效应非常显著，而二次项的效应不显著，因此在估计多层次模型时，只将时间的一次项效应加入到模型中。此外，根据表6-4的结果，$\widehat{\tau_{u0}^2} = 9.061$，可以认为各集水区的产水量水平存在差异，而 $ICC = 0.956$，显示集水区层次存在显著差异，由此需要建立多层统计模型。

表6-4 带随机效应的多层次零模型对比

参数		因变量：Log (Y_1)			
		方程（6-16）	方程（6-17）	方程（6-18）	方程（6-19）
系数	截距项	2.537***	2.525***	2.341**	2.337**
	$Year$	0.013***	0.018*	0.013***	0.011***
	$Year^2$	—	-0.0002	—	—
方差	$\mathrm{Var}(v_{0j}):\widehat{\tau_{v0}^2}$			4.933	4.610
	$\mathrm{Var}(v_{1j}):\widehat{\tau_{v1}^2}$			—	3.38e-05

（续）

参数		因变量：Log（Y_1）			
		方程（6-16）	方程（6-17）	方程（6-18）	方程（6-19）
方差	$Var(u_{0ij})：\widehat{\tau_{u0}^2}$	9.061	9.061	4.930	4.933
	$Var(\varepsilon_{ijt})：\widehat{\sigma_0^2}$	0.416	0.416	0.416	0.412
组内相关系数	ICC	0.956	0.956	0.480+0.480	0.463+0.496

注：显著性标记：*** 为非常显著（$P \leqslant 0.01$），** 为高度显著（$P \leqslant 0.05$），* 为显著（$P \leqslant 0.1$）。

其次，为了进一步确定多层次模型的层次性是否显著及其中由于层次性而造成的随机效应的个数与形式，在方程（6-16）的基础上增加县域层次上的随机截距 v_{0j}，可得到方程（6-18），即假设因变量在集水区层次与县域层次都具有随机效应，其随机截距项分别表示为 u_{0ij} 与 v_{0j}，且满足独立正态分布，v_{0j} 的方差为 τ_{v0}^2，β'_{00} 为加入县域层次随机截距项后的固定截距项。在方程（6-18）的基础上进一步引入与时间交互的随机斜率 v_{1j}，满足正态分布，方差为 τ_{v1}^2。如方程（6-19）所示，β_{01} 表示引入县域层次的随机斜率项后的时间变量 $Year$ 的固定待估系数，该模型包含时间层次的随机误差项 ε_{ijt}，集水区层次上的随机项截距 u_{0ij}，县域层次上的随机截距 v_{0j}，以及县域层次与时间交互的随机斜率 u_{1ij} 共 4 个随机效应。根据表 6-4 的结果，方程（6-18）及方程（6-19）拟合得到的结果显示县域层次与集水区层次的方差显著，其中方程（6-19）中县域层次能够有效解释因变量中 46.3% 的组间变异，而集水区层次能够解释因变量49.6% 的组间变异，说明有必要对水源供给服务在集水区层次和县域层次同时进行多层次分析。

$$\log(Y_1)_{ijt} = \beta'_{00} + \beta_1 Year_{ijt} + u_{0ij} + v_{0j} + \varepsilon_{ijt} \quad (6-18)$$

$$\log(Y_1)_{ijt} = \beta'_{00} + \beta_{01} Year_{ijt} + u_{1ij} + v_{1j} Year_{ijt} + v_{0j} + \varepsilon_{ijt}$$

$$(6-19)$$

为进一步检验是否存在显著的层次性以及选择拟合优度较高的模型，在 R 软件中对一般回归模型［方程（6-15）］、二层次随机截距模型［方程（6-16）］、三层次随机截距模型［方程（6-18）］，以及三层次随机截距随机斜率模型［方程（6-19）］之间分别进行 Anova 方差分析，结果如表 6-5 所示。从表 6-5 可看出，二层次模型与三层次模型的 AIC 值都显著（$P<0.000\ 1$）小于一般回归模型的 AIC 值，说明层次模型的模拟结果显著稳健，模型层次性显著。为进一步比较二层次模型与三层次模型的拟合优度，分析两者方差统计量的差异，对方程（6-16）和方程（6-18）进行的 Anova 分析的似然比检验结果表明方程（6-18）的拟合效果要明显好于方程（6-16）。方程（6-19）相对于方程（6-18）加入了县域层次上的斜率变异，通过似然比检验表明随机斜率效应不显著（$P=0.132$），说明加入随机斜率效应后的方程拟合效果没有提升。综上，选择方程（6-18）作为逐步加入不同层次的解释变量的基础模型以解析水资源供给服务动态变化的驱动机制。

表 6-5　一般回归模型与多层次随机效应模型基于 Anova 分析的似然比检验

模型	赤池信息准则	贝叶斯信息准则	对数似然值	检验	似然比	P 值
（1）方程（6-15）	3 633.33	3 647.03	−1 813.67			
（2）方程（6-16）	2 210.51	2 228.77	−1 101.25	(1) vs (2)	1 424.83	<0.000 1
（3）方程（6-18）	2 122.22	2 145.04	−1 056.11	(2) vs (3)	90.29	<0.000 1
（4）方程（6-19）	2 122.169	2 154.126	−1 054.08	(3) vs (4)	4.05	0.132

6.3.2　模型结果分析

1. 水源供给服务变化驱动机制分析

本节采用三层次随机截距模型［方程（6-20）］估计张掖市 6 个县，178 个集水区内的水资源供给服务变化的影响机制。在方程（6-20）中，X_p 为土地利用、气温、降雨、日照时数、相对湿度等集水区层次的随时间变化的时序变量；X_q 为土壤属性、高程及坡度等集水区层次不随时间变化的非时序变量；Z_r 为地均 GDP、第三产业产值占比、农村居民人均收入、人口密度、城镇化率、地均粮食产量、地均产肉量、地均农业机械总动力、有效灌溉面积占比等县域层次社会经济变量；α_p、λ_q、γ_r 为自变量待估计参数，其他参数同方程（6-18）。

$$\log(Y_1)_{ijt} = \beta'_{00} + \beta_{01} Year_{ijt} + \sum_{p=1}^{P} \alpha_p X_{pijt} + \sum_{q=1}^{Q} \lambda_q X_{qij} +$$

$$\sum_{r=1}^{R} \gamma_r Z_{rjt} + u_{0ij} + v_{0j} + \varepsilon_{ijt} \qquad\qquad (6-20)$$

在确定零模型的形式后，为了能够更加详细展示层次的驱动因子对水资源供给服务的驱动机制，本研究分步建立了 4 个模型来分析。在整个估算的过程中，4 个多层次模型分别加入了不同的解释变量集，随着解释变量的逐渐加入，残差的变异方差将进一步被解释。首先，建立只包含了时间层次变量的零模型，然后加入集水区层次的随时间变动的自然因子（集水区层次时序变量）；其次，加入集水区层次不随时间变动的自然因子（集水区层次非时序变量）；最后，加入县域层次上的人文驱动因子。表 6-6 显示了 4 个模型的估计结果，从模型的估算结果可以看出，在 4 个模型中，3 个层次的残差方差都具有显著意义，这意味着模型的层次效应较为显著。不同县域和集水区内的水资源供给有一定的差异，水资源供给量差异在受到集水区层次上微观自然因子影响的同时，还受到县域层次上宏观社会经济因素的影响。

表 6-6　水资源供给服务动态变化驱动机制分析多层次模型结果

	因变量：水资源供给服务 Log (Y_1)						
	自变量 固定效应	符号	模型 1	模型 2	模型 3	模型 4	模型 5
	截距	$Intercept$	2.341**	45.905***	36.782**	5.033**	39.30*
	年份	$Year$	0.013***	−0.003	−0.003	0.276***	−0.014
	耕地面积占比/%	$X11$		0.034***	0.034***		0.039 6***
	林地面积占比/%	$X12$		0.026*	−0.003		0.003 7
	草地面积占比/%	$X13$		0.037***	0.044***		0.046***
	水域用地面积占比/%	$X14$		0.046***	0.034***		0.021
集水区 层次	建设用地面积占比/%	$X15$		0.044	0.034		0.018
	降雨/mm	$LogX21$		0.111***	0.096***		0.198***
	气温/℃	$LogX22$		0.136	0.259*		−0.171
	潜在蒸散量/mm	$LogX23$		−6.633***	−8.303***		−7.194***
	实际蒸散量/降水量	$LogX24$		−4.631***	−4.857***		−2.691***
	日照时数/h	$LogX25$		0.098	1.45		0.729
	相对湿度/%	$X26$		0.031**	0.019		0.044

（续）

		因变量：水资源供给服务 Log（Y_1）				
自变量 固定效应	符号	模型1	模型2	模型3	模型4	模型5
集水区层次 土壤深度/mm	$\text{Log}X31$			1.432*		1.245*
土壤有效含水量/%	$X32$			-20.533*		-19.104*
土壤有机质含量/%	$X33$			3.573**		1.4
高程 DEM/m	$\text{Log}X41$			-0.436		-1.672
坡度/°	$X42$			0.046**		0.051**
县域层次 地均 GDP（万元/km²）	$\text{Log}Z11$				-0.935***	0.353
第三产业产值比例/%	$Z12$				-0.036***	0.014**
农民人均纯收入/元	$\text{Log}Z13$				-0.46	0.829***
人口密度/(人/km²)	$\text{Log}Z21$				0.908**	1.153***
城镇化率/%	$Z22$				-0.009 6	-0.002 2
地均粮食总产量/(t/km²)	$\text{Log}Z31$				0.213	-0.289*
地均肉类总产量/(t/km²)	$\text{Log}Z32$				-0.450*	-0.304
地均农业机械总动力/(kW/km²)	$\text{Log}Z41$				-0.247***	-0.540***
有效灌溉面积占比/%	$Z42$				-0.171***	-0.074**
随机效应						
集水区内 Var（ε_{ijt}）	$\widehat{\sigma_0^2}$	0.416	0.249	0.246	0.371	0.218
方差占比/%	ρ_ε	4.047	6.73	7.11	3.13	6.05
集水区间 Var（u_{1j}）	$\widehat{\tau_{u0}^2}$	4.93	2.877	2.685	4.752	2.592
方差占比/%	ρ_{u0}	47.962	77.78	77.56	40.11	71.9
县域间 Var（v_{0j}）	$\widehat{\tau_{v0}^2}$	4.933	0.573	0.531	6.724	0.795
方差占比/%	ρ_{v0}	47.991	15.49	15.34	56.76	22.05
方差总和	$\widehat{\delta^2}$	10.279	3.699	3.462	11.847	3.605

注：显著性标记：***为非常显著（$P \leqslant 0.01$），**为高度显著（$P \leqslant 0.05$），*为显著（$P \leqslant 0.1$）。

（1）集水区层次自然驱动因子的影响

表6-6中模型1是零模型，其随机效应被明确区分为集水区内、集水区间及县域间3个部分。对于模型的随机效应部分，我们主要考虑其方

差分量。从估计结果可以看出，县域间、集水区间及集水区内水平的方差对总体方差的解释程度分别占 47.991%、47.962%、4.047%，即在总的随机变异中县域间的变异所占的比例最大，集水区间的变异所占比例次之，集水区内的变异所占比例最小，说明就水资源供给服务而言，各层次上都具有一定的聚集效应，进一步说明需要在水资源供给动态变化的驱动机制分析中考虑各层次的随机效应，估计结果也更加合理稳健。此外，非零的方差分量表明有未被模型化的差异存在，这一信息可帮助决定是否需要添加其他变量到模型中还是停止增加变量。从表 6-6 模型 1 中的结果可以看出，相对较大的方差分量提示可考虑在模型中加入更多的自变量。

表 6-6 中模型 1~5 为分别加入不同层次变量的解释结果，为综合考虑各层次因素共同对生态系统服务变化的影响，基于完整模型（模型 5）进行结果解释与驱动机制分析。模型 5 结果表明，集水区内耕地及草地的面积占比与水资源供给呈显著正相关，其他用地面积与水资源供给也呈正相关，但不显著，表明耕地和草地的增加能够显著提升集水区内的产水能力。耕地和草地由于植被覆盖相对高，可较好抑制地面蒸发，且叶面积指数小，降雨截留和蒸腾作用比林地小，因此可显著提升集水区内的产水量。此外，水资源供给服务变化的主要因素为降水量及蒸散量，结果表明降水量的增加能够显著提升产水量，而集水区内的潜在蒸散量及实际蒸散量与降水量的比值越高，越能够显著导致其产水量的下降；其他气候要素，如相对湿度及日照时数对水资源供给服务的影响不显著。土壤属性与地形条件要素中，土壤深度与水资源供给服务呈现较为显著的正相关，土壤有效含水量与水资源供给服务呈负相关，该结果与仅包括土壤深度及土壤有效含水量变量的回归结果系数相反，其原因为当某个第二层变量的系数和相应的第一层的系数符号相反时，说明该第二层变量能够削弱第一层上该系数所表示的关联强度，但影响方向与第一层系数的符号所表示的方向相反。由此说明土壤厚度浅及土壤含水量高本质上能够促进产流的形成，但由于区域内其他要素的综合作用，受到土地利用及降雨等要素的影响，土壤深度变浅及土壤含水量升高对产流起抑制作用；土壤有机质含量对水资源供给服务起正向作用，但不显著；地形条件中坡度是

影响集水区内产水量的重要因素，随着坡度的升高，集水区内的产水能力升高。

张掖市属于干旱半干旱地区，区域内的降水量和蒸散量是决定生态系统水资源供给的关键气候要素，实际蒸散量与降水量的比值受气候和下垫面土地利用的共同影响。气候变化通过影响不同地形及土壤条件下的降水量和潜在蒸散发量来影响产水量的大小，其中土地利用变化通过改变地表植被覆盖影响潜在蒸散发量。集水区层次自然因子对水资源供给服务的影响也进一步说明了气候变化与土地利用、土壤属性、地形条件等的协同效应对区域水资源供给服务的影响。

（2）县域层次人文驱动因子的影响

表 6-6 中模型 5 表明，水资源供给服务除了受土地利用、气候变化、地形条件等自然因子影响外，还受地均 GDP、人口密度、农牧业生产等社会经济因素的综合影响。对比模型 4 与模型 5 结果可以看到，模型 4 中县域层次社会经济因素单独对产水量截距变动的影响部分系数与模型 5 中的结果存在显著差异，且作用方向相反，说明产水量受气候等自然要素影响的程度会导致社会经济的影响方向的改变，因此解析社会经济对产水量影响时，需要同时考虑控制气候等自然因素的驱动作用。

本研究以完全模型（模型 5）结果为依据解析张掖市的自然气候条件下的社会经济因素对水资源供给服务的影响。其中，人口密度对水资源供给服务的驱动为显著正向作用，而城镇化率对水资源供给服务的驱动为不显著负向作用。张掖市人口从 1990 年的 114.94 万人增长至 2014 年的 129.68 万人，增长了 12.8%，持续增长的人口对产水量变化有显著影响，人口的增长带动人类社会对生态系统供给服务产品的需求加大，能够驱动当地的未利用地开发，促进产水量的增长。张掖市城镇化率从 1990 年的 12.54% 增长至 2014 年的 27.54%，城镇化率快速上升，当人口集中于城镇时，城镇面积扩张，人类开垦未利用地的活动减少，而城镇用地和未利用地产水量减少，由此水资源供给的量也减少。地均 GDP 及第三产业产值占 GDP 的比例对水资源供给服务具有正向驱动作用，且第三产业产值比例驱动效果较为显著。说明随着社会经济总量的提升以及产业结构调整向第三产业的发展有利于地区水资源供给服务的增长。可能的原因为当地的经济发展促进了土地的集约利用，减少了未利用地的开发，导致产水量的增长。农民人均纯收入反映了当地农民的富裕程度，农民人均纯收入提高显著地有利于产水量的提升，可能原因为农民为提高收入而开垦耕地，耕地的扩张占用未利用地，从而促进产水量的增长。区域的粮食生产力与畜牧业生产对区域的产水量起负作用，尤其是粮食生产力的影响较为显著，可以说明张掖市的农业生产力的提升抑制耕地的扩张，畜牧业强度的增加导致草地的退化，不利于水资源供给服务的提升。农业机械程度及地区有效灌溉面积比例与水资源供给服务呈显著负相关关系，说明农业生产技术的提高及有效灌溉面积比例的增长有利于农业的生产活动，能够有效提升农业生产力，抑制耕地的扩张，从而使区域内产水量减少。

针对表6-6中全模型（模型5）进行分析，对于解释性模型（含有自变量的模型）并不能计算组内相关系数，但可与零模型对比相应的方差，按照6.1.2节中提到的方差削减比例说明，计算各层加入的解释变量对原有方差削减比例，可用于确定每个层次自变量与因变量之间的关系，以获得每个层次变量对因变量层间的解释程度，其意义类似于普通回归中的确定系数（R^2）。方差削减比 VRR 的值越大，说明对应层次自变量对因变量层间差异的解释程度越强。根据表6-6中模型1和模型5中各个层次的方差分量，计算得到集水区层次的方差削减比例为0.474，县域层次的方差削减比例为0.838，由此说明最终解释模型中集水区层次自变量解释了集水区层次水资源供给服务的截距变动方差的47.4%，县域层次自变量解释了县域层次水资源供给服务的截距变动方差的83.8%，说明集水区层次的方差仍有较大的解释余地，有待进一步分析。

2. 土壤保持服务变化驱动机制分析

（1）集水区层次自然驱动因子的影响

由于各项生态系统服务的形成过程与机理存在差异，主要的自然驱动因子也不同。土壤保持服务的高低主要与土壤理化性质（如土壤质地、可蚀性等）有关，也与当地的气候条件（如降雨强度、降雨时间等）、地形因子（如坡度等）以及土地利用变化等有关（胡胜等，2015）。表6-7为土壤保持服务动态变化驱动机制多层次模型分析结果，其中模型1是零模型，从估计结果可以看出，县域间、集水区间及集水区内的方差对总体方差的解释程度分别占了 56.96%、42.60% 和 0.44%，其中县域间的变异所占比例最大，集水区间的变异所占比例次之，集水区内的变异所占比例最小。同样说明对土壤保持服务动态变化的驱动机制分析需要在多层次模型中考虑各层次的随机效应。

表 6-7　土壤保持服务动态变化驱动机制分析多层次模型结果

因变量：土壤保持服务 Log（Y_2）						
自变量 固定效应	符号	模型 1	模型 2	模型 3	模型 4	模型 5
截距	*Intercept*	3.189***	2.119	−33.266***	11.91***	−31.431***
年份	*Year*	−0.012***	0.002**	0.001	0.138***	−0.014 4
耕地面积占比/%	$X11$		0.015***	0.017***		0.017***
林地面积占比/%	$X12$		0.040***	0.021***		0.021**
草地面积占比/%	$X13$		0.024***	0.025***		0.024***
水域用地面积占比/%	$X14$		0.014***	0.013***		0.011***
建设用地面积占比/%	$X15$		−0.009	−0.007		−0.001 6
降雨/mm	$LogX21$		0.010	−0.001		−0.021
气温/℃	$LogX22$		−0.145***	−0.053		−0.016
日照时数/h	$LogX25$		−0.551**	−0.128		−0.272
相对湿度/%	$X26$		−0.017***	−0.008*		−0.005
降雨侵蚀力/mm	$LogX27$		0.910***	0.904***		0.960***
土壤深度/mm	$LogX31$			1.339**		1.329***
土壤有效含水量/%	$X32$			22.547*		22.875**
土壤有机质含量/%	$X33$			0.248		0.110
土壤可蚀性因子 K	$X34$			−24.06		−25.69
高程 DEM/m	$LogX41$			2.539***		2.585***
坡度/°	$X42$			0.056***		0.059***
地均 GDP/（万元/km²）	$LogZ11$				−0.593***	0.069
第三产业产值比例/%	$Z12$				−0.016	0.002
农民人均纯收入/元	$LogZ13$				−0.503***	−0.172*
人口密度/（人/km²）	$LogZ21$				−1.107***	−0.348**
城镇化率/%	$Z22$				−0.020***	0.008 6*

集水区层次（对应耕地面积占比至坡度行）

县域层次（对应地均GDP至城镇化率行）

（续）

	因变量：土壤保持服务 Log（Y_2）						
	自变量 固定效应	符号	模型 1	模型 2	模型 3	模型 4	模型 5
县域 层次	地均粮食总产量/（t/km²）	LogZ31				0.096	0.202 ***
	地均肉类总产量/（t/km²）	LogZ32				−0.035	0.032
	地均农业机械总动力/ （kW/km²）	LogZ41				0.098 ***	0.065 4 **
	有效灌溉面积占比/%	Z42				−0.074 ***	0.013
	随机效应						
集水 区内	Var（ε_{ijt}）	$\widehat{\sigma_0^2}$	0.058	0.009	0.009	0.047	0.008
	方差占比/%	ρ_ε	0.44	0.17	0.36	0.46	0.30
集水 区间	Var（u_{1j}）	$\widehat{\tau_{u0}^2}$	5.626	3.273	2.146	2.112	2.184
	方差占比/%	ρ_{u0}	42.60	60.56	86.99	20.83	81.83
县域间	Var（v_{0j}）	$\widehat{\tau_{v0}^2}$	7.522	2.123	0.312	7.982	0.477
	方差占比/%	ρ_{v0}	56.96	39.28	12.65	78.71	17.87
	方差总和	$\widehat{\delta^2}$	13.206	5.405	2.467	10.141	2.669

注：显著性标记：*** 为非常显著（$P \leqslant 0.01$），** 为高度显著（$P \leqslant 0.05$），* 为显著（$P \leqslant 0.1$）。

表 6-7 模型 5 中的结果表明，集水区内耕地、草地、林地及水域用地面积占比与土壤保持服务呈显著正相关，且草地和林地的系数值较高，表明林地和草地的增加能够显著提升土壤保持服务。建设用地面积占比与土壤保持服务呈负相关但不显著。降雨、气温及日照时数对土壤保持服务的影响不显著。而代表区域降雨特征的降雨侵蚀力显著影响张掖市的土壤保持服务，降雨侵蚀力与土壤保持服务呈显著正相关关系，与 4.3.2 节中的分析一致，降雨侵蚀力同时导致潜在土壤侵蚀力与实际土壤侵蚀力的提升，且对潜在土壤侵蚀力提升作用较强，因此降雨侵蚀力越高，该地区的土壤保持服务越高。土壤属性中，土壤深度及土壤有效含水量的增加能够显著提升土壤保持服务。地形条件因子中，海拔越高及坡度越陡的地区，土壤保持服务越高，该结果与 4.3.2 节中的空间分析结果也一致，表明在海拔高、坡度陡的山地地区，气候湿冷等条件下林地和草地分布较多，而

林地和草地的土壤保持能力都明显高于其他土地类型，由此导致该地区的土壤保持服务较高。

（2）县域层次人文驱动因子的影响

土壤保持服务不仅受自然因素的影响，也受人类活动的强烈影响。由表 6-7 模型 5 结果可知，以地均 GDP 表征的经济发展及以第三产业产值比例表征的服务业发展对土壤保持服务有正向作用，但不显著。人口密度与土壤保持服务呈显著负相关关系，说明人类的活动总体上导致了生态系统中土壤保持服务的降低。城镇化率与土壤保持服务呈显著正相关，表明随着人口向城镇地区的转移，人类活动对生态系统的压力将减小，如退牧退耕等，能够有效提升张掖市的土壤保持服务。此外，城镇化快速发展，将逐步导致城市周边耕地转移为建设用地，而建设用地由于土壤表面人工防护措施能够有效防止水土流失，也有利于土壤保持服务的提升。张掖市的产业结构中农业占比较高，1990—2015 年，其耕地扩张在侵占草地的同时也开垦了大量的未利用地，侵占林地和草地等生态用地时导致生态系统中土壤保持服务下降，而未利用地被开垦为耕地后土壤保持服务上升，在张掖市气候等条件共同影响下，未利用地开垦的土壤保持量高于林地和草地被侵占而减少的土壤保持量，因此张掖市的粮食生产对该地区的土壤保持服务具有显著的正向作用。农民人均纯收入显著与土壤保持服务呈负相关关系，可能原因为农民收入提高加快耕地扩张速度，侵占了林草地与未利用地，总体上不利于该地区的土壤保持服务。地均农业机械总动力与土壤保持服务呈显著正相关，有效灌溉面积占比也与土壤保持服务呈正相关，但不显著。随着农业技术水平的提高，有效灌溉面积得到保障，农业生产力水平提高，耕地扩张侵占林草地面积减少，从而提高土壤保持服务。

比较人文因子对水资源供给服务与土壤保持服务的驱动机制可以看出，人类活动能够显著影响水资源供给服务和土壤保持服务，但是通过人类活动引起的经济发展、农业生产及农业技术提升等在显著改善某项生态系统服务的同时（土壤保持服务），也会引起其他生态系统服务（如水资源供给服务）的退化，导致生态系统服务之间的权衡变化。

从表 6-7 模型 1～模型 5 的结果来看，三个层次中的方差分量随着解释变量的加入在不断减小，表明添加的变量能够有效解释未模型化的差异。根据表6-7模型1和模型5中各个层次的方差分量，计算得到最终解释模型中集水区层次自变量解释了集水区层次土壤保持服务的截距变动方差的61.2%，县域层次自变量解释了县域层次土壤保持服务的截距变动方差的93.7%。说明当前县域层次变量能够有效解释县域层次间土壤保持服务的差异，而集水区层次的方差仍有较大的解释余地，有待进一步分析。

3. 固碳服务变化驱动机制分析

（1）集水区层次自然驱动因子的影响

表6-8为土壤保持服务动态变化驱动机制多层次模型分析结果。其中模型1是零模型，从估计结果可以看出，县域间、集水区间及集水区内的方差对总体方差的解释程度分别占了51.30%、48.57%和0.14%。其中，县域间的变异所占比例最大，集水区间的变异所占比例次之，集水区内的变异所占比例最小。说明对固碳服务动态变化的驱动机制分析需要在多层次模型中考虑各层次的随机效应。

表6-8　固碳服务动态变化驱动机制分析多层次模型结果

	自变量 固定效应	符号	模型1	模型2	模型3	模型4	模型5
			因变量：固碳服务 $Log(Y_3)$				
	截距	$Intercept$	4.793***	4.450***	3.891***	4.7617***	4.112***
	年份	$Year$	0.001***	−0.000012	−0.000023	−0.005	−0.001
	耕地面积占比/%	$X11$		0.00798***	0.00796***		0.008***
	林地面积占比/%	$X12$		0.01700***	0.01605***		0.0161***
	草地面积占比/%	$X13$		0.00990***	0.00986***		0.00984***
集水区层次	水域用地面积占比/%	$X14$		−0.00564***	−0.00573***		−0.00579***
	建设用地面积占比/%	$X15$		0.00100***	0.00105***		0.00109***
	降雨/mm	$LogX21$		0.00083***	0.00052**		0.00107***
	气温/℃	$LogX22$		−0.00382***	−0.00164		−0.0032**
	日照时数/h	$LogX25$		−0.01581*	−0.00385		−0.0163
	相对湿度/%	$X26$		−0.00052***	−0.00032**		−0.00049***
	土壤深度/mm	$LogX31$			0.0286		0.0268

（续）

因变量：固碳服务 Log（Y_3）						
自变量 固定效应	符号	模型1	模型2	模型3	模型4	模型5
集水区层次 土壤有效含水量/%	$X32$			−0.4912		−0.5546
土壤有机质含量/%	$X33$			0.1335***		0.1251***
土壤可蚀性因子 K	$X34$			1.7635		1.9351
高程 DEM/m	Log$X41$			0.0052		−0.0073
坡度/°	$X42$			0.0015***		0.0014***
县域层次 地均GDP/（万元/km²）	Log$Z11$				0.018*	0.0046**
第三产业产值比例/%	$Z12$				0.00013	0.0001*
农民人均纯收入/元	Log$Z13$				0.0252**	0.0037*
人口密度/（人/km²）	Log$Z21$				−0.403	−0.0038
城镇化率/%	$Z22$				0.0013**	0.0002
地均粮食总产量/（t/km²）	Log$Z31$				−0.0242***	−0.002
地均肉类总产量/（t/km²）	Log$Z32$				0.0058	−0.003**
地均农业机械总动力 /（kW/km²）	Log$Z41$				−0.00043	−0.00036
有效灌溉面积占比/%	$Z42$				0.006***	−0.0002
随机效应						
集水区内 Var（ε_{ijt}）	$\widehat{\sigma_0^2}$	0.00020	0.00001	0.00001	0.00034	0.00001
方差占比/%	ρ_ε	0.00135	0.00293	0.00311	0.24	0.36
集水区间 Var（u_{1j}）	$\widehat{\tau_{u0}^2}$	0.07291	0.00246	0.00219	0.0716	0.00215
方差占比/%	ρ_{u0}	0.48566	0.83085	0.83410	50.48	76.70
县域间 Var（v_{0j}）：	$\widehat{\tau_{v0}^2}$	0.07701	0.00049	0.00043	0.0699	0.000643
方差占比/%	ρ_{v0}	0.51300	0.16622	0.16279	49.28	22.94
方差总和	$\widehat{\delta^2}$	0.15012	0.00297	0.00262	0.142	0.003

注：显著性标记：*** 为非常显著（$P \leqslant 0.01$），** 为高度显著（$P \leqslant 0.05$），* 为显著（$P \leqslant 0.1$）。

从表6-8模型5结果可以看出，驱动因子中的各类土地利用的面积显著影响碳储存服务的变化，林地、草地、耕地及建设用地的增加能够显著提升固碳量，而由于水域用地的碳库密度为0，因此水域用地面积占比的增加将导致固碳量的显著减少。固碳服务主要基于土地利用类型及各类型对应的不同碳库密度表，通过 InVEST 模型模拟计算得到，因此主要受土地利用因子的影响。此外，降雨、土壤有机质含量及坡度对固碳服务具有显著的正向作用，说明降雨及土壤有机质含量的提升有效促进固碳能力高的植被的增加。另外，张掖市内坡度较陡的地区一般分布有密度较高的林地和草地，因此随着坡度的提升，集水区内的固碳总量也得到提升。气温与相对湿度的提升能够导致固碳量的降低，可能的原因为气温与相对湿度的升高影响植被的呼吸与光合作用等，从而影响植被的生长与碳的储存。

（2）县域层次人文驱动因子的影响

从模型 5 的结果也可看出社会经济驱动因子对固碳服务具有显著影响。其中，地均 GDP、第三产业产值比例及农民人均纯收入对固碳服务具有显著的正向作用，表明随着社会经济的发展及农民富裕水平的提升，未利用地被大量开垦种植，同时林草等固碳量高的植被能够得到保护，因此有助于区域内固碳量的总体提升。另外，地均肉类总产量对固碳量具有显著负面作用，说明随着畜牧业发展，对草地生态系统产生负面的影响，由此导致固碳量的下降。

根据表 6-8 模型 1 和模型 5 各个层次的方差分量，计算得到最终解释模型中集水区层次自变量解释了集水区层次土壤保持服务的截距变动方差的 97.1%，县域层次自变量解释了县域层次土壤保持服务的截距变动方差的 99.2%，说明当前集水区和县域层次的变量都能够有效解释各层次间固碳服务的差异。

4. 植被 NPP 变化驱动机制分析

（1）集水区层次自然驱动因子的影响

表 6-9 为植被 NPP 动态变化驱动机制多层次模型分析结果。其中，模型 1 是零模型，从估计结果可以看出，县域间、集水区间及集水区内的方差对总体方差的解释程度分别占了 23.37%、74.67% 和 1.96%。其中，集水区间的变异所占比例最大，县域间的变异所占比例次之，集水区内的变异所占比例最小。同样说明对植被 NPP 动态变化的驱动机制分析，需要在多层次模型中考虑各层次的随机效应。

表6-9模型5的结果表明集水区内耕地、草地及水域用地面积占比与植被NPP呈显著正相关关系；与林地和建设用地面积占比也呈正相关关系，但不显著。气候要素中，降水量对植被NPP具有一定的负向作用，可能原因为张掖市近些年的降水量相对充沛，水分条件对植被生产力的重要性未得到体现；气温与相对湿度对植被NPP的驱动为负，但不显著，可能气温与相对湿度升高抑制植被呼吸作用从而影响NPP的积累；日照时数显著，有利于植被NPP的积累，表明太阳辐射量是植被NPP积累的重要因素；近年来张掖市的气温具有显著上升趋势，气温升高影响植被的呼吸作用，从而减少了植被NPP的增加；日照时数的增加能够有效提高植被的光合作用时长，从而有利于有机质的生成，促进植被NPP的增加；土壤有机质含量对植被NPP有显著的正向作用，土壤有机质含量表征了土壤肥力的大小，能够直接影响地表植被的生长，土壤肥力越好，植被积累NPP越高。地形因子中，高程（海拔高度）对NPP具有负向作用，但不显著，综合考虑区域降雨、气温及植被类型分布的综合影响，海拔相对越高的地区植被生长受抑制，NPP积累量相对较低；坡度对植被NPP具有显著的正向作用，说明植被NPP随着坡度的增大有增大的趋势，在地表坡度较大的山地地区植被生长较为茂密，NPP积累量较高。

（2）县域层次人文驱动因子的影响

社会经济因素中，地均GDP及第三产业产值比例对植被NPP的影响作用显著为负，说明随着经济发展与第三产业的发展，产业转型升级抑制耕地扩张，而农田作物是植被NPP的重要来源，因此经济发展对地区的植被NPP积累具有负向作用；相反，人口密度对植被NPP的驱动作用显著为正，人口增加驱动耕地扩张，主要表现为开垦未利用地，从而提升地区整体的植被NPP积累。此外，农民人均纯收入、地均粮食总产量等驱动因子对植被NPP的驱动作用都不显著。

从表6-9模型1~模型5的结果可知，三个层次中的方差分量随着解释变量的加入呈现减小的趋势，表明添加的变量能够有效解释未模型化的差异。根据表6-9模型1和模型5中各个层次的方差分量，计算得到最终解释模型中集水区层次自变量解释了集水区层次土壤保持服务的截距变动方差的40.46%，县域层次自变量解释了县域层次土壤保持服务的截距变动方差的 99.32%。说明当前县域层次变量能够有效解释县域层次间土壤保持服务的差异，而集水区层次的方差仍有较大的解释余地，有待进一步分析。

表 6-9 植被 NPP 变化驱动机制分析多层次模型结果

因变量：植被 NPP Log (Y_4)						
自变量 固定效应	符号	模型 1	模型 2	模型 3	模型 4	模型 5
截距	$Intercept$	2.624**	−21.4**	2.577	4.283	−27.87
年份	$Year$	0.027***	0.053***	0.054***	0.117	0.245***
集水区层次　　耕地面积占比/%	X11		0.078***	0.074***		0.071***
林地面积占比/%	X12		0.067***	0.019		0.006 1
草地面积占比/%	X13		0.066***	0.074***		0.082***
水域用地面积占比/%	X14		0.120***	0.19***		0.137***
建设用地面积占比/%	X15		0.068	0.040		0.067
降雨/mm	Log X21		0.007	0.031		−0.098*
气温/℃	Log X22		−0.433***	−0.525**		−0.342
日照时数/h	Log X25		2.792**	2.635		5.235**
相对湿度/%	X26		−0.003	−0.023		−0.028
土壤有机质含量/%	X33			6.302***		7.99***
高程 DEM/m	Log X41			−4.054**		−3.06
坡度/°	X42			0.053*		0.079**
县域层次　　地均 GDP/(万元/km²)	Log Z11				−0.542	−0.812**
第三产业产值比例/%	Z12				−0.029***	−0.046***
农民人均纯收入/元	Log Z13				0.009	−0.506
人口密度/(人/km²)	Log Z21				0.216	1.416**
城镇化率/%	Z22				−0.001	0.006
地均粮食总产量/(t/km²)	Log Z31				−0.414	−0.205
地均肉类总产量/(t/km²)	Log Z32				−0.07	0.067
地均农业机械总动力/(kW/km²)	Log Z41				0.154	0.031
有效灌溉面积占比/%	Z42				−0.006 8	−0.048

（续）

因变量：植被 NPP Log（Y_4）						
自变量 固定效应	符号	模型 1	模型 2	模型 3	模型 4	模型 5
随机效应						
集水区内 Var（ε_{ijt}）	$\widehat{\sigma_0^2}$	0.43	0.433	0.432	0.851	0.396
方差占比/%	ρ_ε	1.96	4.14	4.31	4.24	3.89
集水区间 Var（u_{1j}）	$\widehat{\tau_{u0}^2}$	16.36	9.98	9.52	14.67	9.74
方差占比/%	ρ_{u0}	74.67	95.51	95.02	73.13	95.76
县域间 Var（v_{0j}）	$\widehat{\tau_{v0}^2}$	5.119	0.036	0.067	4.54	0.035
方差占比/%	ρ_{v0}	23.37	0.34	0.67	22.63	0.34
方差总和	$\widehat{\delta^2}$	21.909	10.449	10.019	20.061	10.171

注：显著性标记：*** 为非常显著（P≤0.01），** 为高度显著（P≤0.05），* 为显著（P≤0.1）。

6.4 本章小结

基于 InVEST 模型评估得到的不同时期的张掖市集水区尺度的水资源供给、土壤保持与固碳服务及植被 NPP 4 项关键生态系统服务的单位面积物理量，本章采用多层次模型定量分析了县域层次的人文驱动因子及集水区层次的自然驱动因子对各项生态系统服务空间动态变化的驱动机制。主要结论如下。

（1）张掖市各项关键生态系统服务变化的层次性显著，其中县域层次驱动因子对水资源供给、土壤保持、固碳服务及植被 NPP 的总体方差变异的解释程度分别达 47.99%、56.96%、51.30% 及 23.37%。说明生态系统服务的变化由县域层次的人文驱动因子及集水区层次的自然驱动因子共同影响，驱动机制解释过程中需要考虑不同驱动因子作用的层次效应。

（2）针对张掖市水资源供给服务的驱动机制分析结果表明，耕地及草地面积比例增加对产水量具有显著正向作用，自然驱动因子中降水量的增加能够显著提升产水量，而蒸散量的增加能够显著导致产水量的下降；人文驱动因子中，人口增长、社会经济发展、第三产业产值比例提升及农民人均纯收入增长对水资源供给服务具有正向驱动作用，而区域内粮食生产与畜牧业生产及农业生产技术的提升对产水量具有负向驱动作用。

（3）针对张掖市土壤保持服务的驱动机制分析结果表明，林地和草地的增加能够显著提升土壤保持服务，自然驱动因子中降雨侵蚀力显著影响土壤保持服务，降雨侵蚀力越大的地区，其土壤保持服务越强；人文驱动因子中，人口密度及农民人均纯收入与土壤保持服务呈显著负相关，相反张掖市的粮食生产及农业技术水平的提升对土壤保持具有显著的正向作用。

（4）针对张掖市固碳服务的驱动机制分析结果表明，由于固碳服务主要基于土地利用类型及各类型对应的不同碳库密度表计算得到，固碳服务受土地利用变化的影响显著，林地和草地及耕地的面积比例越大，固碳量越多；降雨及土壤有机质含量的提升有益于固碳服务的提升，相反气温与相对湿度的升高容易导致区域内的固碳量降低；人文驱动因子中，地均GDP、第三产业产值比例及农民人均纯收入对固碳服务具有显著的正向作用，畜牧业产值对固碳服务具有显著的负向作用。

（5）针对张掖市植被NPP的驱动机制分析结果表明，自然驱动因子中，日照时数与土壤有机质含量对植被NPP具有显著的正向作用，另外，植被NPP随着坡度的增大有增大的趋势；人文驱动因子中，人口密度、地均GDP及第三产业产值比例对植被NPP具有显著正向驱动作用，而其他因子的驱动作用都不显著。

第7章 生态水文过程对土地
利用变化的响应

生态系统服务变化驱动机制的定量刻画是生态系统服务研究的重要内容。第6章基于多层次模型定量解析了主要的社会经济和自然因子对张掖市生态系统服务动态变化的驱动机制，有助于为生态系统管理者提供宏观层面的决策信息。相对于基于数理统计模型的驱动机制分析，基于情景设计与生态水文过程模型对生态系统服务变化的驱动机制解析主要侧重于刻画土地利用变化等因素对生态系统服务变化复杂过程的描述，解析生态系统服务形成过程的变化机理。

土地利用是人类活动和自然环境相互交叉影响的重要环节，不但深入改变了陆地表面的覆被状况，而且通过生物物理及生物化学等过程影响生态系统中的物质循环与能量分配，对陆地系统的一系列自然气候、水文过程等产生重要的影响，从而改变生态系统结构与功能，导致生态系统服务的动态变化（Lawler et al.，2014）。简而言之，土地利用方式与生态系统服务供给之间的联系是一个自然过程。为从自然过程角度理解并定量描述土地利用变化与生态系统服务之间的精确关系，研究学者开发了一系列自然过程模拟模型。张掖市的水资源供给服务是其关键生态系统服务之一，针对水资源服务供给，SWAT模型可用于模拟各种水文过程、模拟预测各种管理措施、土地利用及气候变化对水资源供给的影响（徐中民等，2011）。

张掖市位于我国西北内陆干旱区，其社会经济与生态可持续发展面临水资源短缺问题，水资源及水文过程是影响生态系统服务的重要因素，因此本章以水资源约束为条件，首先对水资源约束下的张掖市的土地利用空间变化进行情景模拟分析，然后基于不同情景下土地利用变化，结合DLS模型与SWAT模型模拟，分析主要生态水文过程对土地利用变化的响应，初步解析张掖市水资源与土地利用变化对该地区主要生态水文过程的影响机制，从水文过程响应的角度解析土地利用变化对关键水文生态系统服务的影响，为土地利用与生态管理决策提供有效参考。

7.1　土地利用情景设计

土地是各类生态系统的载体，不同类型的生态系统提供的生态系统服务不同，土地利用变化的转移类型、规模、速度及方式等都会对生态系统产生直接或间接的影响，从而导致生态系统服务种类、数量及分布的变化。土地利用变化对生态系统服务的影响首先作用于生态过程，如水文过程及土壤侵蚀过程等，由此影响生态系统服务的形成及区域生态系统向社会提供生态系统服务的大小。

近几十年来，张掖市的农业开发和城镇化等人类社会经济活动使地区的土地利用类型与结构发生了明显的变化。一方面，人工绿洲的扩张不断代替了荒漠和天然绿洲，大量草地与荒漠未利用地被开垦为耕地，由此导致地区内的各类生态系统结构、规模发生显著转变；另一方面，随着耕地的扩张，张掖市的农业灌溉用水量逐步上升，导致严重的水资源供给与需求的矛盾，促使地下水开采量不断增大，从而引发一系列生态问题。

水资源是影响张掖市土地利用空间分布格局的重要因素，因此本章将解析张掖市的水资源约束情景下的土地利用变化对生态系统服务功能的影响作为研究重点，参考 Zhang 等（2010）核算的张掖市 3 种水资源利用效率下的可利用水资源总量约束假设，模拟不同可利用水资源总量下（情景1：$18.0 \times 10^8 \mathrm{m}^3$、情景 2：$26.5 \times 10^8 \mathrm{m}^3$ 和情景 3：$35.0 \times 10^8 \mathrm{m}^3$），张掖市至 2020 年的土地利用变化。根据张掖市 2000 年各种土地利用类型的面积，基于线性规划方法，计算出 3 种水资源情景假设下，至 2020 年张掖市各种土地利用类型的面积需求。其线性规划模型以经济效益最大作为目标函数，探求土地利用的最优结构，线性规划中的约束条件包括用水量约束、总面积约束、人口总量约束、地区宏观发展计划约束、生态平衡约束等。为符合 SWAT 模型模拟的流域边界，并综合考虑张掖市覆盖了黑河流域中上游地区的大部分地区，SWAT 模型运行的边界为如图 7-1 所示的黑河流域中上游地区，模拟过程中土地利用空间数据假定张掖市区域外的土地利用格局不变。结合黑河上游土地利用信息，计算出黑河流域中上游地区的非空间需求模块中每种土地利用类型面积，其中 2010 年与 2020年土地利用需求变化如表 7-1 所示。计算结果表明，黑河流域中上游地区主要由草地、林地、耕地及未利用地覆盖，随着可利用水资源量的增加，耕地减少的趋势减缓，建设用地的增加趋势减缓，林地与草地的面积增长呈上升趋势。相反，随着水资源量的增加，未利用地减少程度变大。

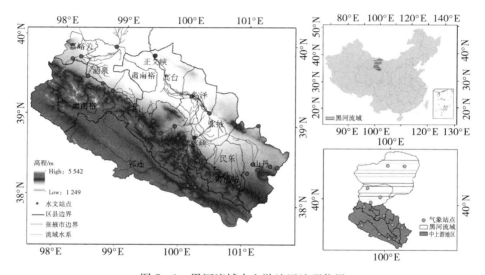

图 7-1　黑河流域中上游地区地理位置

表 7-1　黑河流域中上游地区 2020 年不同情景下土地利用类型面积及变化

土地利用类型	2010 年	2020 年					
		情景 1（S1）		情景 2（S2）		情景 3（S3）	
		面积/m²	变化百分比/%	面积/m²	变化百分比/%	面积/m²	变化百分比/%
耕地	5 217	4 413	−15.4	4 807	−7.9	5 217	0
林地	4 894	6 031	23.2	8 807	80	11 420	133.3
草地	19 135	19 525	2	19 866	3.8	20 029	4.7

（续）

土地利用 类型	2010 年	2020 年					
		情景 1（S1）		情景 2（S2）		情景 3（S3）	
		面积/ m²	变化百分比/ %	面积/ m²	变化百分比/ %	面积/ m²	变化百分比/ %
水域用地	957	917	−4.2	923	−3.6	911	−4.8
建设用地	500	601	20.2	588	17.6	573	14.6
未利用地	20 113	19 329	−3.9	15 825	−21.3	12 666	−37

7.2　土地利用变化空间格局动态

　　土地利用变化模拟是国际地圈生物圈计划与全球环境变化人文因素计划的核心内容之一。其研究重点是基于土地利用变化时空过程探测与驱动机制分析，建立土地利用动态变化的经验和诊断模型，以及区域和全球土地利用动态变化综合预测模型（Turner et al.，1995），从而为应对全球变化问题提供科学支撑。土地利用变化的时空过程刻画与模拟取得了诸多研究成果，形成了一系列较为系统的研究方法，如元胞自动机模型（Walsh et al.，2008；Basse et al.，2014）、多智能主体模型（An，2012；Macal and North，2014）、土地利用变化及效应模型（CLUE）及 CLUES 模型（Verburg et al.，2002）等。中国的研究学者针对土地利用变化时空过程也进行了广泛而深入的研究，其中 DLS 模型以区域用地结构变化模拟和栅格尺度土地利用类型分布驱动机理分析为手段，从宏观和微观两个方面出发，系统地探测、表征土地系统演化的时空过程，能够实现区域土地系统结构变化与演替格局的动态模拟（邓祥征，2008）。本研究采用 DLS 模型，在区域用地结构变化情景分析的基础上，通过栅格尺度土地利用类型分布约束分析与土地供需平衡模拟，实现精细栅格尺度上的土地系统动态格局演替模拟。

7.2.1　DLS 模型

　　DLS 模型打破了当前土地利用变化动态模拟多局限于仅对一种或者

几种土地类型开展模拟的研究现状，从区域土地利用系统的角度出发，综合模拟区域所有土地利用类型的动态变化；解决了土地利用变化驱动因素内生性与外生性的区分问题，在精细栅格水平上通过构建空间显性的土地利用变化与驱动因素的空间统计模型，定量分析不同因子的驱动作用；将土地利用变化看作一个时空动态变化过程，基于对区域社会经济发展特征、文化传统、自然条件及土地利用历史趋势等多种因素的综合考量，发展区域土地利用变化的不同情景，增加预测及评估结果的科学性与合理性。用户可以通过设计区域用地结构变化的不同情景，在 DLS 模型中输入非线性的需求变化、不同的转换规则和不同用地结构演替模式下的驱动因子，模拟分析区域土地利用系统的复杂变化。DLS 模型假设土地利用变化受区域历史土地利用格局和栅格内部及周边栅格驱动因子的共同影响。尤其是在区域尺度上，决策者做出的土地利用规划决策将会对区域土地利用变化产生重大影响。另外，DLS 模型还考虑到土地利用变化的区域限制。例如，需要将不可能发生土地利用变化的区域作为限制区域，单独划分出来，不输入模型进行运算。另外，运用 DLS 模型，仍然需要考虑其模拟结果的不确定性，由于受区域土地用途转换规则和非线性需求变化的影响，输入参数和外生变量都是随时间变化的。

　　DLS 模型由 3 个模块构成：土地利用结构变化情景分析模块、土地利用类型分布驱动分析模块、土地利用结构变化空间分配模块。土地利用结构变化情景分析模块提供了每种土地利用类型每年的需求变化；土地利用类型分布驱动分析模块以表达土地利用类型分布与驱动因子之间的空间统计关系为目的，主要测度驱动因子对土地利用类型分布的影响；土地利用结构变化空间分配模块主要基于栅格尺度土地供需平衡分析，实现土地利用结构变化的空间分配。

1. 土地利用结构变化情景分析模块

　　土地利用结构变化情景分析模块着眼于研究区的具体需求，应用多种方式来构建区域土地利用变化情景，如应用简单的趋势外推法、利用区域发展规划数据，以及依据复杂的经济模型等。情景分析模块构建方法的选取主要由区域土地利用结构变化研究的实际需要决定。唯一的标准是必须能够充分反映出区域土地利用变化的可能发展趋势。本研究致力于解析张掖市土地利用、水资源约束、生态系统服务及社会经济等要素之间的联系，设计了水资源总量约束情景以测度未来土地利用结构变化。

2. 土地利用类型分布驱动分析模块

空间统计分析提供了土地利用变化的响应函数，函数中驱动因子被赋予确定的权重系数，并假设权重系数是不变的，但驱动因子随时间变化。DLS 模型将土地利用变化和驱动因子之间的关系作为模型的输入，几个独立的变量就可以预测某一种土地利用类型出现的概率。概率值通过具有空间化驱动因子的逻辑回归方程计算得到，方程如下：

$$\log\left(\frac{P_i}{1-P_i}\right) = \beta_0 + \beta_1 X_{1j} + \beta_2 X_{2j} + \cdots + \beta_n X_{nj} \qquad (7-1)$$

其中，P_i 表示每个栅格内土地利用类型 i 出现的概率；X 表示土地利用驱动因素；β_j 表示驱动因素的系数；$j = 0, 1, 2, \cdots, n$；n 表示驱动因素的个数。回归方程中，土地利用类型因变量为二分变量，即 0（该土地利用类型出现）和 1（该土地利用类型不出现），驱动因素为自变量，采用逐步回归方法筛选出对土地利用类型贡献显著的因素，剔除不显著因素。

3. 土地利用结构变化空间分配模块

DLS 模型土地利用结构变化空间分配模块的输入参数大致反映了区域土地利用变化的局域特征、区域特征和历史特征。土地利用结构变化空间分配模块通过基于栅格尺度的土地供需平衡分析对土地利用结构变化进行空间分配，模拟各种情景下的土地利用变化。DLS 模型通过定义转换规则表征某种土地利用类型向另一种土地利用类型转换的难易程度。DLS 模型中包括两种判断规则：一种表征了土地利用类型的稳定程度。这种转换规则的值一般比较小，介于 0 和 1 之间，值越大，表示转移难度也越大。难以转移的土地类型，如道路、居民点等，转移规则值可设为 1。反之，如果某土地类型可以而且能够非常容易转移为其他土地类型，则转移规则为 0。另一种表征了土地利用变化的限制区域，其值接近或者等于 1，不允许土地利用类型有改变。

DLS 模型的空间分配主要是依据土地用途转换的可能情景，并结合土地用途转换的驱动力分析结果，在空间上对各种土地利用类型进行优化布局与动态分配。换言之，土地用途转换的空间分配过程是依据土地用途转换驱动力因子的变化及由其制约的土地结构转移概率，按照历史时期实际土地利用结构与耕地转移规则及弹性，并对照不同发展情景下土地利用宏观结构的需求，在每个栅格上实现各种土地类型在预测时段内的供需平衡，反映了每个栅格上土地类型之间相互竞争并实现供求平衡的结果。

要进行土地用途转换的动态分配，需要计算出参加分配的栅格数。为了实现土地用途转换空间分配过程中在栅格水平上各类土地利用之间的供需平衡，DLS 模型引入了补偿因子。对所有参与土地用途转换分配的栅格，计算出每种土地类型在各栅格上的转移概率值，对这些值的比较与分析遵循以下 3 条原则。

第一，若在前一模拟年份某土地类型已经存在，并且它的稳定性小于 1（转移概率值小于 1），空间分配模块将首先计算该土地类型在当年出现的概率、相应的补偿因子和稳定性因子的和，作为该土地利用类型的分配概率，公式如下：

$$L_{i,k} = P_{i,k} + C_k + S_k \qquad (7-2)$$

其中，$L_{i,k}$ 表示栅格 i 中土地类型 k 的分配概率值；$P_{i,k}$ 表示栅格 i 中土地类型 k 的出现概率；C_k 和 S_k 是土地类型 k 的补偿因子及其稳定性因子。

第二，若某种土地类型还不存在，即 S_k 接近于 0，$L_{i,k}$ 只包括出现概率和补偿因子两部分，即：

$$L_{i,k} = P_{i,k} + C_k \qquad (7-3)$$

第三，若某一土地类型在前一年份没有出现过并且其当年需求呈减少态势，其转移规则为 1，即通过这一设定，排除从需求上看呈减少趋势的土地利用类型被分配给该栅格的可能性。

在模拟起始年份，设定所有土地类型补偿因子初始值相同，在后续运算过程中各补偿因子会自动调整，以使各类土地利用与前一年分配的面积和当年需求面积之差的比例在允许误差范围内。如果实际分配面积小于当年需求面积，模拟程序将以一定的步长适当上调补偿因子值，反之则下调。当分配满足各类土地利用的需求时，模型运算结束。

7.2.2　土地利用变化驱动力分析

本研究遴选降雨、气温、坡度、海拔、植被、土壤、人口、GDP 等指标为土地利用变化的可能驱动因子，进行空间显性建模与回归参数估计，为 DLS 模型模拟栅格尺度张掖市未来土地利用空间格局变化提供参数。首先针对所遴选的驱动因子，基于空间分析方法建立驱动因子文件，然后利用统计软件建立 Logistic 回归分析与回归参数估计，确定对研究区土地利用变化的驱动力，从而将参数结果作为 DLS 模型土地利用变化的空间分配模块的输入，进一步模拟栅格尺度黑河流域中上游地区未来土地利用空间格局变化。根据 Logistic 结果（表 7-2），选取各类土地利用的显著驱动因子，得到各类土地利用的回归模型，并将其作为空间分配模块输入参数。

7.2.3　土地利用空间分配模拟

基于土地利用需求结构数据，采用 DLS 模型模拟空间栅格尺度土地利用类型的空间分布。采用 DLS 模型中土地利用的空间分配模块对黑河流域中上游地区的土地利用进行空间模拟。空间模拟过程是在综合分析土地利用的空间分布概率适宜度、土地利用变化规则和初期土地利用分布现状图的基础上，根据总概率大小，对土地利用需求进行空间分配的过程。本章基于黑河流域中上游地区 2000 年土地利用空间数据，模拟 2010 年的土地利用空间格局，并运用 2010 年的实际土地利用格局对模拟结果进行检验。黑河流域中上游地区 2010 年土地利用实际情况及土地利用模拟结果如图 7-2 所示。

为检验 DLS 模型模拟结果，本研究计算了研究区 2010 年实际土地利用图与土地利用模拟图的转移矩阵，如表 7-3 所示。基于表 7-3 的结果，进一步计算两个土地利用图的结果一致性及 Kappa 指数。Kappa 指数一般用来比较两幅影像的类型一致性，当 Kappa 指数高于 0.6 时，则认为两图之间的一致性较高，表 7-4 结果表明 DLS 模型模拟结果的 Kappa 指数为 0.605，表明了 DLS 模型适宜于模拟该研究区的土地利用变化。

表 7-2 张掖市土地利用类型 Logistic 回归分析结果

驱动因子	耕地	林地	草地	水域用地	建设用地	未利用地
坡度	-2.95×10^{-3}***	1.15×10^{-3}***	-0.49×10^{-3}***	-0.74×10^{-3}***	-1.44×10^{-3}***	0.20×10^{-3}***
坡向	-1.52×10^{-5}***	0.22×10^{-5}	0.13×10^{-5}	-0.33×10^{-5}	-0.59×10^{-5}	0.22×10^{-5}***
海拔	-2.54×10^{-3}***	-0.47×10^{-3}***	0.039×10^{-3}	$-0.73E-05$***	$-2.07E-05$***	$1.29E-05$***
降雨	-1.32×10^{-3}***	-0.93×10^{-3}***	0.546×10^{-3}***	-0.17×10^{-3}	0.59×10^{-3}	-0.88×10^{-3}***
日照时数	-1.9×10^{-2}***	-0.52×10^{-2}***	0.15×10^{-2}***	-0.69×10^{-2}***	-0.28×10^{-2}***	-0.24×10^{-2}***
0℃以上积温	$-0.042\ 6\times10^{-1}$	1.45×10^{-4}***	1.48×10^{-4}***	-2.007×10^{-4}***	-0.93×10^{-4}***	-1.72×10^{-4}***
10℃以上积温	-2.02×10^{-4}***	-2.36×10^{-4}***	-1.55×10^{-4}***	1.40×10^{-4}***	0.32×10^{-4}***	2.88×10^{-4}***
土壤深度	-0.11***	0.07***	-0.027***	0.092***	-0.089	$-0.009\ 9$*
土壤有机质	-1.09**	2.52***	0.42	-0.83	-3.08	-1.47***
土壤 pH	-0.72***	-0.25***	0.039	-0.20	-0.17	0.036
人口密度	1.97×10^{-1}*	-9.45×10^{-1}***	-1.4×10^{-1}	4.58×10^{-1}***	0.50×10^{-1}***	7.00×10^{-1}***
GDP	2.74×10^{-3}***	-8.30×10^{-3}***	-7.66×10^{-3}***	-4.52×10^{-3}***	7.72×10^{-3}***	-24.05×10^{-3}***
至快速路距离	-5.60×10^{-2}***	-1.80×10^{-2}***	-0.66×10^{-2}***	0.33×10^{-2}***	-1.86×10^{-2}***	1.20×10^{-2}***
至高速路距离	1.2×10^{-2}***	0.41×10^{-2}***	-0.46×10^{-2}***	0.38×10^{-2}***	0.45×10^{-2}***	0.69×10^{-2}***
至省道距离	-0.83×10^{-2}***	-1.714×10^{-2}***	-0.25×10^{-2}***	-1.39×10^{-2}***	0.52×10^{-2}***	1.09×10^{-2}***
至水源距离	-0.73×10^{-2}***	1.42×10^{-2}***	1.35×10^{-2}***	-1.06×10^{-2}***	0.19×10^{-2}***	-1.22×10^{-2}***
至省会距离	-0.95×10^{-2}***	-1.26×10^{-2}***	0.55×10^{-2}***	-0.15×10^{-2}***	-1.42×10^{-2}***	-0.59×10^{-2}***
常数项	71.36	4.73	−2.35	8.38	22.94	2.71

注：显著性标记：*** 为非常显著（$P\leqslant0.01$），*** 为高度显著（$P\leqslant0.05$），* 为显著（$P\leqslant0.1$）。

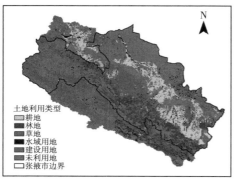
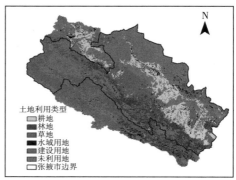

（a）真实土地利用空间分布　　　　　　（b）模拟土地利用空间分布

图 7-2　黑河流域中上游地区 2010 年真实与模拟土地利用空间分布

表 7-3　黑河流域中上游地区 2010 年实际与模拟土地利用百分比转移矩阵

2010 年实际土地利用	2010 年模拟土地利用						总计
	1	2	3	4	5	6	
耕地	8.3	0.0	1.2	0.3	0.7	1.1	11.6
林地	0.2	5.9	2.8	0.1	0.0	0.8	9.8
草地	1.4	2.6	25.2	0.4	0.1	5.2	34.8
水域用地	0.3	0.0	0.4	0.3	0.0	0.5	1.7
建设用地	0.6	0.0	0.0	0.0	0.2	0.1	0.9
未利用地	1.1	1.3	5.2	0.5	0.1	33.0	41.2
总计	11.9	9.9	34.8	1.6	1.1	40.6	100

表 7-4　DLS 模型模拟土地利用精度及 Kappa 指数

一致性	期望一致性	Kappa	标准误差	Z	Prob＞Z
72.83%	31.25%	0.605	0.003	182.830	0.000

确定 DLS 模型模拟的适宜性，本研究进一步基于不同情景下的土地利用需求结构，对研究区 2020 年的土地利用空间格局进行模拟，模拟结果如图 7-3 所示。模拟过程中，限定了张掖市范围内的土地利用变化，并将限制发展区域设定为土地利用不变区。模拟结果表明，张掖市土地利用变化，尤其是林地变化，受到水资源约束的影响。在可利用水资源总量

高的情景下（情景 3），张掖市 2020 年林地与草地的扩张更为明显，且主要集中在张掖市的肃南县，而耕地与未利用地的缩减主要集中在甘州区、临泽县与高台县。

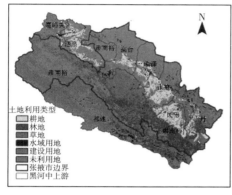

（a）情景1下土地利用分布

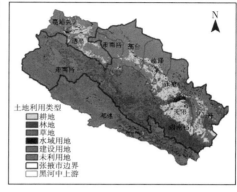

（b）情景2下土地利用分布

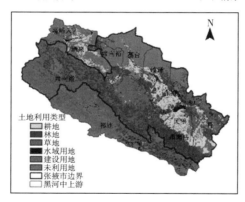

（c）情景3下土地利用分布

图 7-3　不同情景下黑河流域中上游地区 2020 年土地利用分布

7.3　主要生态水文过程对土地利用变化的动态响应

流域水文模型，尤其是分布式水文模型，是研究土地利用变化水文效应最为有效的工具之一。SWAT 模型是美国农业部下属农业研究局开发的长时段流域环境模拟模型。该模型具有很强的物理机制，能够模拟气候变化、土地利用变化及管理措施等对流域水文过程、水质等的影响。本研究以黑河流域中上游地区为研究区，在模拟分析区域土地利用变化的基础上，应用 SWAT 模型对该区域土地利用变化对流域水文过程的影响进行模拟研究，初步揭示土地利用变化对水文生态系统服务功能关键指标的驱动机制。

7.3.1 水文模型验证

首先对 SWAT 模型进行验证，在此基础上应用该模型对不同土地利用条件下的流域水文过程进行模拟，基于上述模拟结果，分析和探讨土地利用变化对流域水文过程，尤其是流域水平衡的影响。通过敏感性分析得到影响研究区径流模拟精度的 8 个重要参数并对其进行率定，采用瑞士联邦水生物科学与技术研究院开发的 SWAT CUP 中的 SUFI-2（Sequential Uncertainty Fitting Version 2）优化算法进行自动校准，率定参数及其最终取值如表 7-5 所示。

表 7-5　黑河流域中上游地区 SWAT 模型率定参数及取值

参数	描述	取值范围	取值
CN_2	SCS 径流曲线数	$-20\%\sim+20\%$	$+6.32\%$
Sol_k	土壤饱和导水率	$-20\%\sim+20\%$	$+11.56\%$
Escno	土壤蒸发补偿系数	$0\sim1.0$	0.83
SFTMP	降雪温度	$-2.0\sim+2.0℃$	0.9℃
Sol_z	土壤层厚度	$-20\%\sim+20\%$	$+3.65\%$
Sol_Awc	土壤有效含水量	$-20\%\sim+20\%$	-0.35%
GWQMN	浅水层补给深	$0\sim500mm$	306.5
ALPHA_BF	基流分割系数	$0.00\sim1.00$	0.07

本研究以黑河流域上游与中游交接处莺落峡水文站为总出口断面，选取 2005—2006 年日径流数据作为模型预热期，2007 年日径流数据为率定期，2010 年日径流数据为验证期。采用 R^2 与 Nash-Sutcliffe 效率系数 E_{ns} 两个指标评价 SWAT 模型在黑河流域中上游地区的径流模拟的适宜程度。图 7-4 为莺落峡水文站径流模拟的评价结果，可以看出，率定期和

验证期莺落峡水文站的 R^2 和 E_{ns} 均大于 0.8,反映了模型对径流趋势的模拟能力较好,表明应用 SWAT 模型进行黑河流域中上游地区的径流模拟是可行的,适用于研究区土地利用变化的水文响应研究。

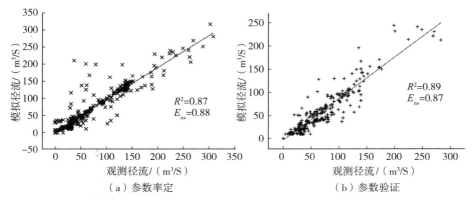

图 7 - 4　莺落峡水文站率定期与验证期实测和模拟径流的拟合

7.3.2　土地利用变化对流域水文过程影响分析

为了揭示黑河流域中上游地区土地利用变化对水文过程的影响,本研究基于模拟结果,选取位于中游出口的正义峡水文站的水文模拟数据,对地表径流与产水量两个水文要素进行统计和分析。将 2010 年和 2020 年土地利用数据代入已率定好的 SWAT 模型,以 1980—2010 年的逐日气象要素数据作为模型输入数据,对不同土地利用情景下的 2010 年和 2020 年日径流变化情况进行模拟,并分析不同土地利用情景下 2010 年和 2020 年月地表径流与产水深度的变化量与变化百分比。

由图 7 - 5 可以看到,黑河流域中上游地区的降水量与产水及地表径流深度的变化趋势具有同步性。降水量是影响区域地表生态水文过程的重要因素,降水量的大小决定了地区的产水量与地表径流量的幅度。黑河流域中上游地区的降雨主要集中于 7—9 月,相应的产水与地表径流深度也在此期间达到峰值,而冬季时期几乎不产水,地表径流深度也接近于零。因此,黑河流域中上游地区的气候条件的季节性导致该地区的产水与地表径流的变化也具有明显的季节性。而相同气候条件下,土地利用变化对地

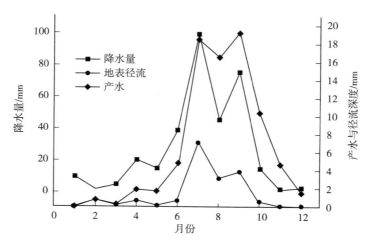

图 7-5 黑河流域中上游地区多年平均月降水量及 2020 年月产水与径流深度

区的生态水文过程也具有一定的影响。

由图 7-6（a）可知，3 种不同情景下的两期土地利用变化导致的月地表径流量变化的趋势较为一致，2020 年各月的地表径流相对于 2010 年各月的地表径流在 3 种情景下都呈现减少趋势，其中 7—9 月地表径流深度的绝对量差异较大，而其余月份较小，两期地表径流深度相对变化范围为 −55.5%～−1.6%，其中 4—6 月地表径流深度变化的百分比（相对变化）差异较大。林地和草地的增加被认为是地表径流与产水量减少的主要原因，地表植被增加，对降雨的拦截率较高，产流和坡面漫流发生速度相对较慢，从而较慢形成地表径流，在一定程度上对径流起到了调节作用。不同研究学者基于对土地利用变化对生态水文过程的影响研究，也较为一致地发现林地面积的变动是引起地表径流的主要因素，造林等类似的土地利用活动将导致产水与地表径流的减少（Sahin and Hall，1996；Huang et al.，2003），并有学者识别了不同土地利用类型的地表径流生产能力为未利用地＞耕地＞草地＞林地（Yin et al.，2009）。各情景下的林地和草地主要由未利用地转移而来，因此不可避免地导致了地表径流的减少，且林地和草地扩展的速率越高，地表径流的变化幅度越大（S3＞S2＞S1）。由图 7-6（a）可知，情景 3（S3）下，水资源约束条件低，水资源可利用量较高，导致土地利用变化过程中林地和草地增加最为显著，由此情景

3（S3）下地表径流深度的绝对量减少最为显著，且由于研究区降雨多集
中于 7—9 月，因此土地利用变化导致的地表水文过程响应在 7—9 月尤为
显著。

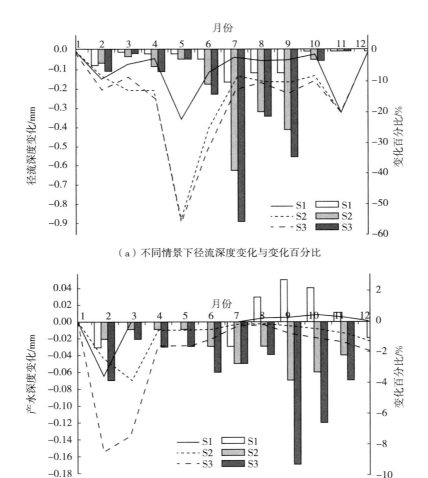

（a）不同情景下径流深度变化与变化百分比

（b）不同情景下产水深度变化与变化百分比

图 7-6 不同土地利用情景下黑河流域中上游 2010—2020 年月径流量与
产水量的变化量与变化百分比

比较区域内产水深度与地表径流深度变化可知，在情景 2（S2）与情
景 3（S3）下，月地表径流深度变化趋势与月产水深度变化趋势在全年内

都呈现减少趋势，而在情景 1（S1）下，2020 年月产水深度在 8—11 月相对于 2010 年呈现增加趋势［图 7-6（b）］。情景 1（S1）与情景 2（S2）及情景 3（S3）相比，情景 1（S1）下的林草地扩张相对较少，虽然 8—11 月的地表径流量呈相对减少的趋势，但同时期的产水量表现为相对增加的趋势，但增加的幅度较为微弱。不同土地利用类型具有不同土壤水分入渗特征，其中林地的入渗率高于草地与未利用地等其他用地（Liu et al.，2013）。产水量主要由地表径流量与地下基流量组成，未利用地被转移为林地和草地后，地表径流减少，但与此同时土壤水分的入渗率将提高，由此导致地下基流量的增加。不同植被覆盖下的地表径流与地下基流之间的交互作用十分复杂，一方面土壤水分入渗率随着地表植被覆盖度的增加而增加，促进基流的增加（Loch，2000）；另一方面植被覆盖的增加将导致对降雨的截留及蒸散发加强，从而不利于地表径流的产生（李玉山，2001）。在情景 1（S1）下，林地和草地的覆盖度要远低于情景 2 和情景 3 下的植被覆盖度，因此地表径流减少的量相对幅度也少，同时土壤入渗水分的地下基流的增加量相对要少，但受 8—11 月降雨特征的影响，情景 1（S1）下的植被覆盖度对基流增加的正面影响超过了对径流减少的负面影响，因此最终导致情景 1（S1）下 8—11 月的产水量的微弱增长［图 7-6（b）］。在情景 2（S2）和情景 3（S3）下，具有较高的植被覆盖度，植被增加对地表径流减少的负面影响超过了对基流增加的正面影响，因此最终导致产水量的减少。此外，在 10—12 月，黑河流域中上游地区的产水量减少的幅度超过了径流减少的幅度，说明林地和草地的增加导致地下基流在冬季也呈减少趋势。

黑河流域中上游是中国西北内陆地区典型的干旱半干旱地区，研究结果可为类似的干旱半干旱内陆河流域的水土资源管理提供参考信息。土地利用与气候变化是影响生态水文过程的两类重要因素，区分气候变化或土地利用变化对生态水文过程的影响是分析生态水文过程响应机制所面临的重要挑战。气候变化与土地利用变化之间具有复杂的交互作用，考察土地利用变化或气候变化对生态水文过程的单独或共同驱动作用，主要基于情景分析，分别设定土地利用变化情景或气候变化情景，或考虑土地利用与气候同时变化的情景。已有大量研究表明，气候变化对生态水文过程的影

响程度大于土地利用变化的影响程度（Van Ty et al.，2012），也有研究
表明，黑河流域中的气候变化对生态水文过程的影响超过土地利用变化的
影响（Wu et al.，2015）。

　　本章主要考察了土地利用变化的影响，土地利用变化情景基于可利用
水资源量通过线性规划得到，如果在情景分析中同时考虑气候要素的影
响，那么情景设计中的社会经济发展及生态保育的可利用水资源量将改
变，从而土地利用空间格局也将发生变化，由此在同样状况下的土地利用
变化对生态水文过程的影响可能将被气候变化影响抵消。在相同水资源利
用效率下，如何定量刻画土地利用与气候变化共同作用情景下对区域的水
文过程的影响，是未来研究中值得探讨的一个方向。

7.4　本章小结

　　黑河流域是中国西北的典型干旱区，张掖市位于黑河流域的中上游地
区，水资源是影响土地利用需求与社会经济及生态可持续发展的重要约束
因子。厘清区域对研究水资源与土地利用的相互作用关系是区域水土资源
可持续发展与管理的关键。

　　本章以张掖市水资源为主要约束机制，基于不同的水资源利用效率得
到 3 种可利用水资源量情景，分别为 $18.0 \times 10^8 \mathrm{m}^3$、$26.5 \times 10^8 \mathrm{m}^3$、$35.0 \times 10^8 \mathrm{m}^3$，并基于线性规划得到各种土地利用类型的需求结构。结果显示，
在水资源约束下，随着可利用水资源量的提升，张掖市林地和草地保持扩
张趋势，耕地与未利用地呈下降趋势；进一步基于 DLS 模型模拟得到不
同情景下的土地利用空间格局动态变化，表明林地和草地增加主要集中于
肃南县，耕地与未利用地的减少主要集中在甘州区、临泽县与高台县；最
后基于模拟的土地利用空间格局，采用 SWAT 模型模拟分析了不同土地
利用情景下的水文过程的响应与变化，结果显示张掖市内的林地和草地扩
张将导致黑河流域中上游地区的产水与地表径流深度都有一定的下降趋
势。由于不同情景下林地和草地扩张幅度不同，以及土地利用变化与生态
水文过程之间的复杂关系，产水与地表径流深度的变化幅度存在一定的差
异。其中，高水平可利用水资源量情景（情景 3）下，林地和草地扩张幅

度最大，导致该情景下的产水与地表径流深度变化的绝对量与相对量都最大。此外，产水深度在低水平可利用水资源量情景（情景 1）下 8—11 月的变化方向与其他月份的变化存在差异。随着张掖市水资源利用效率的提升，可利用水资源总量增多，林地和草地得到有效增长，但林地和草地的增长在气候不变方案下导致区域内产水量和地表径流量的降低，从而导致区域水资源供给的降低。

第8章　生态系统服务空间
动态权衡分析

　　人类活动及气候变化等因素的驱动作用，导致了各项生态系统服务不同程度的变化，形成了生态系统服务之间复杂的权衡与协同关系。厘清土地利用变化影响下各项生态系统服务之间的权衡与协同关系，是合理规划土地利用，维持生态可持续发展与保护的重要前提。

　　生态系统服务之间的关系中，多数研究表明供给服务和调节服务是相互矛盾的。过去一个世纪中，供给服务的增加已经付出了调节和文化服务及生物多样性降低的代价（Bennett and Balvanera，2007）。以农业生态系统为例，人类对生态系统服务的不同需求偏好导致农业生态系统的供给服务提高，而生态系统调节服务水平逐渐降低（Kirchner et al.，2015）。粮食等产品供给是生态系统服务中重要的供给功能之一。张掖市作为甘肃省重要的农业生产基地，农业生产过程受益于各项关键生态系统服务的支持，同时必然会对这些生态系统服务产生影响。由驱动机制分析可知，农业生产活动显著影响各类生态系统服务的变化。本章进一步解析张掖市农业生产与各项关键生态系统服务之间的关系，以粮食产量、产水量表征供给服务，定量研究张掖市的生态系统供给服务与基于模型模拟的各项关键的生态系统调节与支持服务（包括土壤保持、固碳服务及植被 NPP）之间的权衡与协同关系。

8.1　不同土地利用的生态系统服务的空间动态

　　不同的土地利用类型产生的生态系统服务有所差异。本节基于张掖市各项关键生态系统服务评估结果，以土地利用类型为基础，得到各时期不同土地利用类型的各项关键生态系统服务的均值。由于各项生态系统服务存在量级大小的差异，为更加直观表达真实的结果，本节将重点放在不同生态系统服务之间的关系研究上。以土地利用类型为基础，对各项关键生态系统服务进行归一化统计，将 1990 年、2000 年、2010 年和 2015 年的不同土地利用类型单位面积的水资源供给服务、土壤保持服务和固碳服务及植被 NPP 进行归一化处理至 0~1，采用的归一化方法如下：

$$NES_{ijt} = \frac{ES_{ijt} - \min(ES_{jT})}{\max(ES_{jT}) - \min(ES_{jT})} \tag{8-1}$$

其中，NES_{ijt} 表示第 i 类用地单位面积的第 j 项生态系统服务在 t 时期的生态系统服务归一化值；ES_{ijt} 表示第 i 类用地单位面积的第 j 项生态系统服务在 t 时期的生态系统服务模拟值；$\max(ES_{jT})$ 表示所有时期所有土地利用类型单位面积的第 j 项生态系统服务的模拟最大值；$\min(ES_{jT})$ 表示所有时期所有土地利用类型单位面积的第 j 项生态系统服务的模拟最小值。所有数据基于 GIS 空间提取并导入 R 统计软件中进行处理并可视化，制作得到不同时期各类土地利用的生态系统服务玫瑰图（图 8-1）。

由图 8-1 可以看出，对比其他土地利用类型，林地单位面积的各项关键生态系统服务的值均为最高；草地的水资源供给、固碳和土壤保持能力小于林地而大于耕地及其他用地；耕地的植被 NPP 接近于林地，稍高于建设用地，较高于草地，而远大于水域用地和未利用地，此外耕地的水资源供给与固碳服务能力仅次于林地和草地，而土壤保持能力最低；水域用地、建设用地及未利用地等相对于林地、草地和耕地的生态系统服务供给能力较低。从时间尺度上看，由于自然条件及人为因素的驱动作用，不同年份的各类土地利用的各项关键生态系统服务能力也在变化。可以看出，耕地、林地和草地的单位面积的植被 NPP 与水资源供给服务从 1990 年到 2015 年都呈现出先减后增趋势，而土壤保持服务则呈现出先减后增再减的趋势。整体上，在林地、草地、耕地中，水资源供给服务与植被 NPP 表现为同增同减的协同关系，而在林地与草地中，水资源供给服务及植被 NPP 与土壤保持服务表现为此消彼长的权衡关系。不同土地利用类型由于其地表覆被类型的差异，导致其所承载的生态系统服务状况不同。此外，由于受气候变化、区位条件、地形坡度等环境因子的共同影

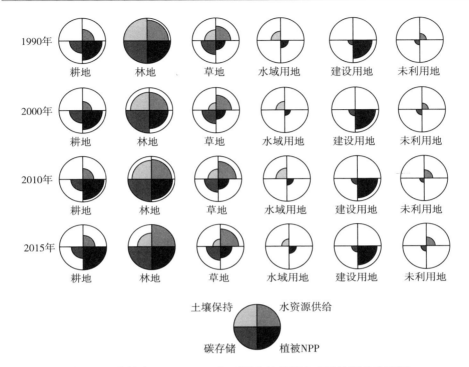

图 8-1　张掖市 1990—2015 年不同土地利用生态系统服务玫瑰图

响，不同土地利用类型之间的生态系统服务差异更为显著，同时环境因子的变化也进一步导致同种土地利用类型内的各类生态系统服务之间关系的变化。

8.2　不同生态系统服务的空间关联

　　生态系统服务之间的关系主要表现为权衡或协同关系。多数学者基于相关分析在栅格或子流域等尺度上，研究同一时间的不同生态系统服务两两之间的相互关系（Zhang et al.，2016；Zheng et al.，2016）。相关分析是通过一个指标来判断两个现象间相互依存关系的紧密度的方法，相关系数 R 的取值范围为 [-1，1]，$R<0$ 表示负相关，且 R 越小，负相关性越强；$R>0$ 表示正相关，且 R 越接近 1，正相关程度越高。当某两项生态系统服务之间的相关系数通过了显著性检验时，可以认为该两项生态系统服务间具有显著的相关关系。部分研究学者将两项生态系统服务在某一个静态时间点的空间负相关或正相关关系定义为生态系统服务之间的权衡或协同关系（孙艺杰等，2016）。该定义具有一定的指示性，表明生态系统服务之间存在的空间静态权衡关系，然而缺乏对生态系统服务之间动态变化权衡的解析。由于气候及地形等自然条件的影响，以及同一空间内资源总量的约束，生态系统服务的空间分布具有一定的不均衡性与异质性，因此某一时间点的生态系统服务两两之间的相关性可以在一定程度上体现生态系统服务的空间差异性与空间权衡性。然而，生态系统服务之间的权衡或协同关系更多表达的是一个动态的概念，表征的是各项生态系统服务在受到外界因素的影响作用（包括气候变化、土地利用变化、人类管理措施变化、生态系统服务需求变化等）后，由于不同生态系统服务响应的程度与方向不同，以及不同生态系统服务之间相互作用而导致的生态系统服务变化量之间的此消彼长或是同增同减的关系（Bennett et al.，2009）。因此，为进一步解析生态系统服务之间的权衡或协同关系，需要增加对生态系统服务动态变化之间的相关关系研究。

本书首先在集水区尺度上研究张掖市各项关键生态系统服务之间的静态相关性，解析张掖市生态系统服务的静态空间差异性与空间权衡关系；其次，生态系统间的权衡或协同关系可能主要受气候变化和土地利用变化共同驱动，因此本研究基于各项关键生态系统服务在不同土地利用与气候驱动下的动态变化，解析生态系统服务之间的动态权衡或协同关系。

本节基于对张掖市 1990 年、2000 年、2010 年和 2015 年的粮食产量、产水量、土壤保持、碳储存和植被 NPP 五项生态系统服务的模拟与测算，利用相关分析在集水区尺度对它们之间的静态量及动态变化量之间的权衡或协同关系进行分析。采用各集水区的地均粮食产量表示粮食生产服务。具体是将基于统计数据获得不同年份的各县粮食产量对应至耕地面积，基于区域统计分析，获得各集水区不同年份的单位面积粮食供给量（图 8-2），单位为 $t \cdot hm^{-2}$。研究中采用各集水区单位面积的生态系统服务量进行评估，避免了集水区面积大小差异对生态系统服务评估的干扰。

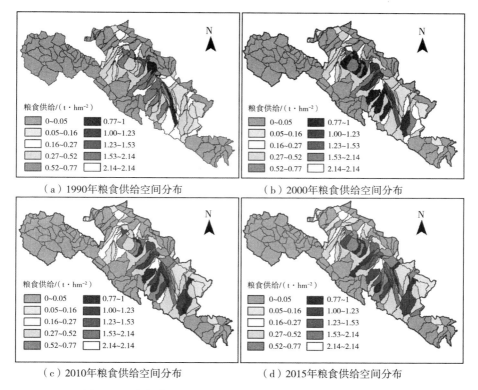

（a）1990年粮食供给空间分布　　　　　（b）2000年粮食供给空间分布

（c）2010年粮食供给空间分布　　　　　（d）2015年粮食供给空间分布

图 8-2　张掖市 1990—2015 年集水区尺度粮食供给空间分布

8.2.1　不同生态系统服务之间空间静态关联

受不同的气候条件及土地利用的类型、格局与强度的影响，生态系统服务的分布具有一定的时空差异性。张掖市集水区尺度的各项生态系统服务都表现为不规则分布，其中较高的产水量、土壤保持及粮食供给服务集中于少部分的集水区内，固碳服务与植被 NPP 的分布则较为均匀。结合各项关键生态系统服务的空间分布可知，产水量与土壤保持较高的地区主要分布于张掖市肃南县的祁连山区地带，而粮食供给则主要集中于张掖市的绿洲农业区。一般情况下，在人类干扰程度较小的自然生态系统中，供给服务提供能力相对较弱，而调节和支持服务的能力较强；在人类活动较强干扰程度大的地区人工生态系统中，供给服务的能力较强，而调节与支持服务的能力较弱（傅伯杰和张立伟，2014）。由此形成各项生态系统服务在同一时间点的空间权衡或协同关系。

表 8-1 张掖市 1990—2015 年集水区尺度关键生态系统服务的相关分析

年份	生态系统服务	产水量（WY）	土壤保持（SC）	固碳（CA）	植被 NPP	粮食生产（Grain）
	产水量（WY）	1	0.77***	0.73***	0.66***	−0.19***
	土壤保持（SC）		1	0.63***	0.37***	−0.31***
1990	固碳（CA）			1	0.66***	−0.10
	植被 NPP				1	0.43***
	粮食生产（Grain）					1
	产水量（WY）	1	0.78***	0.71***	0.55***	−0.24***
	土壤保持（SC）		1	0.66***	0.37***	−0.33***
2000	固碳（CA）			1	0.65***	−0.06
	植被 NPP				1	0.59***
	粮食生产（Grain）					1
	产水量（WY）	1	0.8***	0.72***	0.56***	−0.21***
	土壤保持（SC）		1	0.62***	0.34***	−0.34***
2010	固碳（CA）			1	0.71***	−0.001
	植被 NPP				1	0.54***
	粮食生产（Grain）					1
	产水量（WY）	1	0.78***	0.71***	0.56***	−0.24***
	土壤保持（SC）		1	0.63***	0.34***	−0.36***
2015	固碳（CA）			1	0.71***	−0.02
	植被 NPP				1	0.53***
	粮食生产（Grain）					1

注：显著性标记：*** 为非常显著（$P \leqslant 0.01$），** 为高度显著（$P \leqslant 0.05$），* 为显著（$P \leqslant 0.1$）。

如表 8-1 所示，不同年份的各项关键生态系统服务静态相关分析结果表明，张掖市的供给服务之间（粮食生产与产水量）以及供给服务（粮食生产）与调节服务（土壤保持、固碳）之间存在着空间负相关关系，与支持服务（植被 NPP）之间存在着空间正相关关系；各项调节服务之间以及调节服务与支持服务之间都存在空间正相关关系。1990—2015 年，粮食生产与产水量（－0.22）、土壤保持（－0.33）及固碳服务（－0.045）之间均为负相关关系，说明粮食生产量较高的地区水资源供给、土壤保持及固碳服务相对较少；其中粮食生产与土壤保持服务负相关系数的绝对值较大，说明两者之间存在较强的空间静态权衡关系，在有限的土地空间中，用于粮食生产的耕地占比越大，林地和草地资源则相对较少，因此粮食高产区的土壤保持服务较低；粮食生产与固碳服务之间存在着较弱的空间静态权衡，说明农业生产中的作物也具有一定的固碳能力，从而能够抵消一部分由于农业生产活动导致的碳排放；粮食生产与植被NPP之间表现为空间协同关系（0.52），说明农作物作为农业生态系统中的重要地表覆盖类型，在一定程度上能够有效吸收太阳能，进行光合作用转化为有机质，从而提升生态系统中的NPP。

从图8-3可知，水资源供给服务与土壤保持服务（0.78）、固碳服务（0.72）及植被NPP（0.58）之间存在较强的空间静态协同关系，张掖市水资源供给服务、土壤保持服务、固碳服务及植被NPP都是在祁连山地地区较好，山地的森林与草地分布较广，自然植被受人类活动破坏少，植被覆盖度相对好，且祁连山区为张掖市重要的水资源补给区，冰川融化与较高的降水量有效提升了山地地区的产水量，水资源丰富有利于该地区植被的生长。因此，受区域气候、土地利用及地形等因素的影响，张掖市山区湿润多雨的气候不仅有利于植被的生长，有效增强植被NPP的积累，也增强了地表植被覆盖，从而提升了土壤保持能力，减少水土流失，增强生态系统的土壤保持服务。同时，植被作为生态系统中的重要碳库，能够大量吸收和存储大气中的碳，良好的植被覆盖能够有利于土壤保持，也有利于提高土壤的固碳能力，进而有效提升生态系统的固碳量。因此，水资源供给服务与土壤保持服务、固碳服务及植被NPP积累在一定程度上在空间内相互协同，实现"双赢"。水资源供给服务与土壤保持服务及固碳服务的相关系数相对较大，说明林地或草地覆盖面积越大的地区，降水量丰富，产水量增大，林地和草地的固碳量和土壤保持量也最大，而植被NPP较大的地方也可能是因为农作物的影响，而耕地的土壤保持服务与水资源供给服务相对于林草地较小，因此总体上水资源供给及土壤保持服务与植被NPP的协同关系相对较弱。

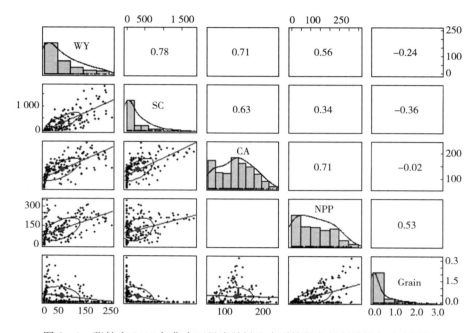

图 8-3 张掖市 2015 年集水区尺度关键生态系统服务的相关性与分布特征

注：WY 表示产水深度，SC 表示土壤保持密度，CA 表示碳储存密度，NPP 为植被 NPP，Grain 表示单位面积粮食生产量。

综上分析，可以得出水资源供给、土壤保持、固碳及植被 NPP 4 种服务之间在静态空间上为协同关系，其中一种生态系统服务较少的地区，其他生态系统服务可能也较小；粮食生产与水资源供给、土壤保持及固碳服务之间为空间静态权衡关系。张掖市农业粮食生产主要集中于农业绿洲地区，农业绿洲地区的粮食产量高，农作物分布广而林草地分布较少，且受气候影响，该地区少雨缺水，因此粮食生产服务与水资源供给服务、土壤保持服务及固碳服务呈负相关关系。

8.2.2　不同生态系统服务之间空间动态关联

气候变化等自然因素通过影响生态系统过程造成生态系统服务的变化，而人类活动通过农业生产等方式改变土地利用类型，一方面造成生态系统服务之间的空间竞争，另一方面影响生态系统服务之间的相互关系，从而引起生态系统服务之间的变化及相互权衡或协同关系（Lautenbach et al.，2010）。如图 8-4 所示，根据当年实际情况测算的 1990—2015 年各项生态系统服务存在不同程度的变化，产水深度变化（产水量变化）在大部分地区的值小于 0，表现为产水量呈下降趋势；土壤保持密度变化（土壤保持量变化）总体都小于 0，说明土壤保持服务呈全面下降趋势；碳储存密度变化（固碳量变化）部分地区为负值，表现为固碳量下降，而总体分布中固碳量变化为正值的地区较多；植被 NPP 变化的正值与负值所占比例相当；而单位面积粮食生产量变化（粮食生产变化）全部为正值，粮食生产呈现全面增长的趋势。而在 1990 年与 2015 年的气候条件都为多年气候均值的气候不变方案下，土地利用变化导致的产水量变化（lwyd）幅度较小，产水量上升地区占比大于产水量下降地区占比，土壤保持服务变化（lscd）幅度也变小，但呈现出部分地区土壤保持服务上

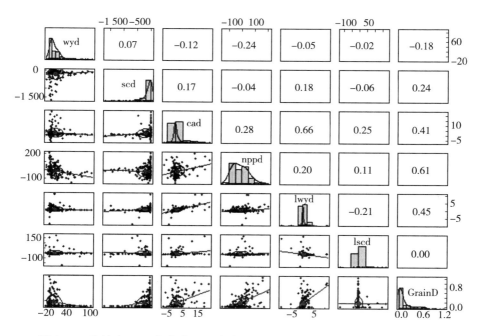

图 8-4　张掖市 2015 年集水区尺度关键生态系统服务变化的相关性与分布特征

　　注：wyd 表示产水深度变化，scd 表示土壤保持密度变化，cad 表示碳储存密度变化，nppd 为植被 NPP 变化，GrainD 表示单位面积粮食生产量变化。

升，而部分地区下降的特点。

表 8-2　张掖市 1990—2015 年集水区尺度关键生态系统服务变化的相关分析

生态系统服务变化	产水量变化（wyd）	土壤保持变化（scd）	固碳变化（cad）	植被NPP变化（nppd）	气候不变产水量变化（lwyd）	气候不变土壤保持变化（lscd）	粮食生产变化（GrainD）
产水量变化（wyd）	1	0.07	-0.12	-0.24***	-0.05	-0.02	-0.18**
土壤保持变化（scd）		1	0.17**	-0.04	0.18**	-0.06	0.24***
固碳变化（cad）			1	0.28***	0.66***	0.25***	0.41***
植被 NPP 变化（nppd）				1	0.2	0.11	0.61***
气候不变产水量变化（lwyd）					1	-0.21***	0.45***
气候不变土壤保持变化（lscd）						1	-0.002
粮食生产变化（GrainD）							1

注：显著性标记：*** 为非常显著（$P \leqslant 0.01$），** 为高度显著（$P \leqslant 0.05$），* 为显著（$P \leqslant 0.1$）。

从相关系数（表 8-2）可以看出，在气候变化与土地利用变化共同驱动作用下，植被 NPP 变动与水资源供给服务（-0.24）变动呈显著负相关关系，与固碳服务（0.28）变动呈显著正相关关系，说明植被 NPP 的增长可以增加碳汇量，但同时会增大水分蒸散量进而减少产水量；粮食生产变化仅与水资源供给服务（-0.18）变动呈负相关关系，且达到显著性水平，而与土壤保持服务（0.24）、固碳服务（0.41）及植被 NPP（0.61）变动呈显著的正相关关系，说明在气候与土地利用共同驱动作用下，粮食生产与水资源供给之间存在显著的权衡关系。1990—2015 年，由于对粮食产量的追求，张掖市的耕地面积大幅度增加，侵占大量草地的同时开垦了大面积的未利用地，因此增加了粮食产量，削弱了草地的产水量、土壤保持量与固碳量，但同时未利用地开垦为耕地对地区的产水量、土壤保持量、固碳量具有正向的驱动作用，且考虑张掖市 2015 年的降水量相比于 1990 年的降水量呈现出上升趋势，降雨及土地利用变化造成的地区内的产水量呈下降趋势，而土壤保持与固碳量呈上升趋势，因此张掖市 1990—2015 年各集水区内的粮食产量增长总体上与水资源供给服务变动具有权衡关系，而与土壤保持服务、固碳服务及植被 NPP 变动具有较强的协同关系。

值得注意的是，对比气候变化与气候不变方案下水资源供给与土壤保持服务变动之间的相关关系（图 8-4），可以看到气候不变背景方案下的水资源供给变化与土壤保持服务变化呈显著负相关关系（－0.21），粮食生产变化与水资源供给变化呈显著正相关关系（0.45），与气候变化和土地利用变化共同影响作用下的相关关系正好相反。说明在既定气候条件下，随着人类对耕地的开垦，造成草地面积和未利用地面积的同时减少，气候不变情况下未利用地面积减少带来的产水增长趋势超过了因草地面积减少造成的产水量下降的趋势，但草地面积下降带来的土壤保持服务的降低要超过未利用地转为耕地带来的土壤保持服务的增长，因此粮食生产变动呈现与水资源供给变化之间的协同关系，水资源供给变化与土壤保持变化呈现权衡关系。而在气候变化情况下，三者之间的权衡与协同关系正好相反。由此说明土地利用变化对生态系统服务之间的权衡关系具有显著的驱动作用，而气候变化能够导致更大幅度生态系统服务变化，且影响土地利用变化，生态系统服务的权衡关系是气候变化与土地利用共同驱动机制作用的结果。

8.3 基于生产前沿分析的生态系统服务空间动态权衡

厘清生态系统服务之间的权衡关系是土地利用决策的重要前提，8.1 节及 8.2 节中主要基于空间制图与统计分析方法偏定性地甄别了粮食生产与各项关键生态系统服务权衡、协同的相互关系。然而，生态系统服务的生产与形成过程相互交织，因此生态系统服务之间存在着高度复杂的非线性关系（Farber et al.，2002；Van Jaarsveld et al.，2005）。为定量化研究生态系统服务之间的复杂关系，近年来经济学中的生产理论被广泛应用于生态系统服务的联合生产与权衡分析。基于生产理论估计生产前沿面并解析各项产出之间的权衡关系，得出空间单元的生态系统服务生产的效率与替代弹性（Ruijs et al.，2013；Bostian et al.，2015）。本节以张掖市的粮食生产服务与各项关键生态系统服务两两之间的空间权衡分析为重点，基于前沿生产理论进一步对权衡关系进行深入量化分析，研究结果可提供粮食生产服务与各项关键生态系统服务之间权衡的空间差异性，有助于优化配置区域农业生产，以减少对区域内其他生态系统服务的影响，可能达到"双赢"的局面。

8.3.1 方向性产出距离函数理论与模型

1. 方向性产出距离函数

本研究利用方向性产出距离函数（Directional Output Distance Function，DODF）解析张掖市各项关键生态系统服务与农业产出的联合生产效率及产出替代弹性。前沿生产函数是在具体的技术条件和给定生产投入要素的组合下，生产者各种可能的投入组合与最大产出之间的函数关系。对既定的投入要素种类进行各种组合，计算所能达到的最大产出量，这些最大产出量组成一个最优集合，称为生产前沿面。前沿面是生产者追求的最理想的生产点，然而现实中生产者很难达到这个水平。生产者实际生产点与前沿面之间的差距可以说明生产状态甚至是生产者总体的效率。方向性距离函数是以生产前沿面为基础的，其定义可根据从扩大产出或缩小投入的方式到达前沿面来确定，其优点在于能够针对不同性质的产出进行效率估计。从产出方向出发，产出距离函数为通过固定投入要素组合，最大程度扩大产出量角度来进行效率估计。我们定义如下生产技术组合（Technology set）：$P(x)$ 表示基于 N 种投入 $x = (x_1, \cdots, x_n) \in R_N^+$ 生产 M 种产出 $y = (y_1, \cdots, y_m) \in R_M^+$ 的生产可行性集合，定义如下：

$$P(x) = \{y: x \text{ 可以生产 } y\}, x \in R_N^+ \qquad (8-2)$$

上述生产性可行性集合 $P(x)$ 中只考虑了"好"产出，即期望产出。在环境生产技术理论下，距离函数同时考虑了期望产出与非期望产出，其生产技术组合表达如下：假设一个生产单元基于 N 种投入 $x = (x_1, \cdots, x_n) \in R_N^+$，生产 M 种期望产出 $y = (y_1, \cdots, y_m) \in R_M^+$，以及 I 种非期望产出 $b = (b_1, \cdots, y_I) \in R_I^+$。该生产单元的生产可行性集合定义如下：

$$P(x) = \{(y, b): x \text{ 可以生产}(y, b)\}, x \in R_N^+ \qquad (8-3)$$

在生产理论中，为规范实证模型估计，存在描述该生产技术理论的一系列的标准假设。首先，生产可行性集合 $P(x)$ 为紧凸集，因此生产可行性集是一个有界集和闭集，其中凸边界意味着不同产出在生产前沿面上的物理性权衡关系。其次，投入和期望产出具有强可处置性或自由可处置性，投入强可处置性即如果投入增加，产出不会减少；产出满足强可处置性，即在投入相同的条件下，产出可多可少，某一产出的减少不会影响其他产出的减少，其差距反映技术效率高低。此外，根据期望产出和非期望产出的联合生产关系，代表环境技术的可能产出集合 $P(x)$ 需增加两个特性：零结合（null - joint）公理，若 $(y, b) \in P(x)$，且 $b = 0$，则 $y = 0$，即没有非期望产出就没有期望产出，或有期望产出就一定有非期望产出；期望产出和非期望产出满足联合弱可处置性：若 $(y, b) \in P(x)$，且 $0 \leqslant \theta \leqslant 1$，则 $(\theta y, \theta b) \in P(x)$，即期望产出和非期望产出同比例减少是可能的。非期望产出的减少需要成本投入，在给定的投入水平下，减少非期望产出需要占用期望产出的成本投入，结果导致期望的产出因为投入减少而减产。如图 8 - 5 所示为强可处置性与弱可处置性两种假设条件下产出组合图，其中 $P^s(x) = ODBCO$ 代表强可处置性假设下的生产可行性集合，$P^w(x) = OABCO$ 代表弱可处置性假设下的生产可行性集合。

在生产技术理论下，Shephard 距离函数可以定义为

$$D_O(x, y) = \min\left\{\theta > 0 : \left(x, \frac{y}{\theta}\right) \in P(x)\right\} \forall x \in R_N^+ \quad (8-4)$$

图 8 - 6（a）直观展示了产出距离函数，生产可行集 $P(x)$ 为由生产前沿面曲线 DE 和线段 OD 与 OE 所组成的闭合区域。点 C 为 $P(x)$ 中的

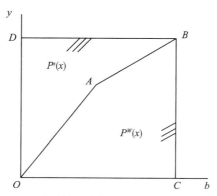

图 8 - 5　强可处置性与弱可处置性产出组合图

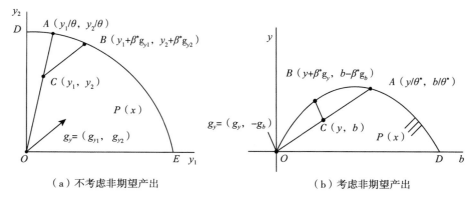

（a）不考虑非期望产出　　　　　　　　（b）考虑非期望产出

图 8-6　Shephard 与方向性产出距离函数示意图

某一生产单元，则 Shephard 产出距离函数可以解释为生产点从 C 移动到最佳生产前沿面上的点 A 以实现产出的最大化，该指标可用 OC 与 OA 的比值衡量，也即 $\theta = OC/OA$，其中 $\theta^* = \min\theta$。Shephard 产出距离函数中，产出的扩张只能通过径向的同比例扩张。考虑环境生产技术理论下加入非期望产出的 Shephard 产出距离函数为

$$D_O(x,\ y,\ b) = \min\left\{\theta > 0 \colon \left(x,\ \frac{y}{\theta},\ \frac{b}{\theta}\right) \in P(x)\right\} \forall\, x \in R_N^+$$

$$(8-5)$$

由于非期望产出的弱可处置性，因此 Shephard 产出距离函数在增加期望产出的同时，也同比例扩张了非期望产出，与现实中生产过程中人为控制非期望产出的环境管制约束不符，因此需要设定在增加期望产出同时保持甚至降低非期望产出的距离函数形式，由此设定方向性产出距离函数。考虑非期望产出的环境生产技术理论下的方向性产出距离函数（Chung et al.，1997），对于投入产出组合 $(x,\ y,\ b)$，方向向量 $g = (g_y,\ -g_b)$，方向性产出距离函数可以表述为

$$\vec{D}_O(x,\ y,\ b;\ g) = \max\{\beta \colon (y + \beta g_y,\ b - \beta g_b) \in P(x)\}$$

$$(8-6)$$

式中，$g = (g_y,\ -g_b)$ 表示方向向量，表示在给定的生产可行性集 $P(x)$ 下，在 g_y 方向最大限度扩张期望产出，同时在沿着方向向量 $-g_b$ 方向最大限度减少非期望产出，$\beta^* = \max\beta$，表示在生产点 C 上实现期望产

出增加和非期望产出减少的最大程度，也即在图 8 - 6（b）上的 C 点沿着方向向量 g 的方向移动，到达前沿面上的 B 点，即实现了生产最优。在环境生产技术理论中，方向性距离函数满足非期望产出的弱可处置性，更加符合实际情况。

基于一般生产技术理论，不考虑非期望产出的方向性产出距离函数形式如下：

$$\overrightarrow{D_O}(x, y; g_y) = \max\{\beta: (y + \beta g_y) \in P(x)\} \quad (8-7)$$

Shephard 产出距离函数仅限于径向测量产出扩张，而方向性产出距离函数提供按比例和非比例的产出扩张。方向性产出距离函数在测度生产率与效率方面更具一般性，也即方向性产出距离函数是 Shephard 产出距离函数的一般形式（Chambers et al.，1996），Shephard 产出距离函数是方向性产出距离函数在方向向量 $g_y = y$ 时的特例。设定方向向量 $g_y = y$，可得：

$$\begin{aligned}
\overrightarrow{D_O}(x, y; g_y) &= \max\{\beta: D_O(x, y + \beta g_y) \leqslant 1\} \\
&= \max\{\beta: (1 + \beta) D_O(x, y) \leqslant 1\} \\
&= \max\left\{\beta: \beta \leqslant \frac{1}{D_O(x, y)} - 1\right\} \\
&= \frac{1}{D_O(x, y)} - 1 \quad (8-8)
\end{aligned}$$

方向性产出距离函数的特征遵循对生产可行性集合 $P(x)$ 的描述，其主要特征包括：①代表性，对于生产可行集中的任一点 $y \in P(x)$，$\overrightarrow{D_O}(x, y; g_y) \geqslant 0$，当生产单元位于前沿面时，等号成立；②单调性，若 $y' \geqslant y \in P(x)$，则有 $\overrightarrow{D_O}(x, y'; g_y) \leqslant \overrightarrow{D_O}(x, y; g_y)$，表明在投入相同情况下，产出增加，函数值不会增加；③转移性质，$\overrightarrow{D_O}(x, y + \alpha g_y; g_y) = \overrightarrow{D_O}(x, y; g_y) - \alpha$，表明若一个生产单元期望产出增加 αg_y，则该生产单元的生产效率会提升，即方向性距离函数减少了 α，该性质对应于 Shephard 产出距离函数的齐次性；④ -1 次齐次性，$\overrightarrow{D_O}(x, y; \lambda g_y) = \lambda^{-1} \overrightarrow{D_O}(x, y; g_y)$，$\lambda > 0$，表明将方向向量扩大 λ 倍，则各生产单元到前沿面的距离将缩小 λ 倍。

2. 产出替代弹性

基于方向性产出距离函数构造农业生产与各项生态系统服务的可行性产出集合可用于评估张掖市的生态环境状况。此外，通过使用森岛通夫（Morishima）产出替代弹性估计（Morishima Elasticity of Substitution between outputs，MES）来估算各产出之间的替代弹性，可进一步测算集水区中粮食生产与各项生态系统服务产出之间的权衡关系。产出替代弹性表示在相同投入条件下，两种产出的影子价格比的变化随着其中一种产出物数量变化的大小。影子价格的计算公式如下：

$$\frac{p_m}{p_{m'}} = \frac{\partial \overrightarrow{D_O}(x,\ y;\ g_y)/\partial y_m}{\partial \overrightarrow{D_O}(x,\ y;\ g_y)/\partial y_{m'}} \ \forall m,\ m' \in M \qquad (8-9)$$

MES 的一般形式为

$$M_{mm'} = \frac{\partial \ln(p_m/p_{m'})}{\partial \ln(y_{m'}/y_m)} \qquad (8-10)$$

式中，$M_{mm'}$ 表示 m' 产出对 m 产出的替代弹性；p_m 和 $p_{m'}$ 分别表示两种产出的价格；y_m 和 $y_{m'}$ 分别表示它们的产出量。该式描述了由两种产出比的百分变动带来其影子价格比的百分变动，使用方向性产出距离函数，以上表达式也可写成：

$$M_{mm'} = y_{m'}^* \left[\frac{\partial^2 \overrightarrow{D_O}(x,\ y;\ g_y)/\partial y_m\ \partial y_{m'}}{\partial \overrightarrow{D_O}(x,\ y;\ g_y)/\partial y_m} - \frac{\partial^2 \overrightarrow{D_O}(x,\ y;\ g_y)/\partial y_{m'}\ \partial y_{m'}}{\partial \overrightarrow{D_O}(x,\ y;\ g_y)/\partial y_{m'}} \right]$$
$$(8-11)$$

式中，$y_{m'}^* = y_{m'} + \beta_{m'} g_y$ 表示最优的产出边界。基于方向性产出距离函数的特性，我们可以得到产出替代弹性的几点特性，产出距离函数的凹性为

$$\partial^2 \overrightarrow{D_O}(x,\ y;\ g_y)/\partial y_m\ \partial y_m \leqslant 0,\ m=1,\ \cdots,\ M \qquad (8-12)$$

参数 $\beta_{mm} \leqslant 0$，$m=1$，$\cdots$，M；单调性的设定使得：

$$\partial \overrightarrow{D_O}(x,\ y;\ g_y)/\partial y_m \leqslant 0,\ m=1,\ \cdots,\ M \qquad (8-13)$$

因此，$M_{mm'}$ 的符号取决于 $\beta_{mm'}$ 的符号和大小，若 $M_{mm'}$ 为负，$M_{mm'}$ 的绝对值越大，即两种产出量比的变化导致影子价格比的变化越大，表明相同投入条件下，m' 产出物产出量增加时，也即（$y_{m'}/y_m$）增大，两种产出物的影子价格比 $p_m/p_{m'}$ 减少越多，则增加 y_m 产出的成本越大（因为 m' 产出

物影子价格相对于 m 产出物的影子价格变高了，即增加 y_m 产出的机会成本变高），这种情况下产出物 m' 与 m 为替代关系；若 $M_{mm'}$ 为正，且弹性值 $M_{mm'}$ 越大时，表明当 m' 产出物产量增加时，增加 y_m 的成本越小，此情况下 m' 与 m 为互补关系。

3. 基于二次型的方向性产出距离函数

方向性产出距离函数的求解方式主要包括参数法和非参数法两种，其中非参数法通过构造线性近似产出集边界求解距离，不需要假设函数形式，但由于其边界存在折点，折点处斜率不唯一，因此距离函数不可微，无法求得影子价格。相比较，基于参数方法构造方向性产出距离函数具有良好的可微性，便于求解影子价格及产出弹性。因此，本研究采用参数法来求解方向性距离函数。常见的参数化方向性距离函数包括超越对数函数和二次型函数。其中，超越对数函数无法满足方向性距离函数所需的转移性质，而二次型函数对未知的距离函数的二阶近似能够满足方向性产出距离函数的性质，因此选用基于二次型的方向性产出距离函数，表达式如下：

$$\overrightarrow{D_O}(x_k,\ y_k;\ g_y)$$
$$= \alpha_0 + \sum_{n=1}^{N} \alpha_n x_{nk} + \sum_{m=1}^{M} \beta_m y_{mk} + \frac{1}{2}\sum_{n=1}^{N}\sum_{n'=1}^{N} \alpha_{nn'} x_{nk} x_{n'k}$$
$$+ \frac{1}{2}\sum_{m=1}^{M}\sum_{m'=1}^{M} \beta_{mm'} y_{mk} y_{m'k} + \sum_{n=1}^{N}\sum_{m=1}^{M} \gamma_{nm} x_{nk} y_{mk} \qquad (8-14)$$

式中，$\overrightarrow{D_O}(x_k,\ y_k;\ g_y)$ 表示第 k 个生产单元的距离生产前沿面的距离，为满足转移性质，选择方向向量 $g_{y_m}=1, m=1,\cdots,M$，则对应方程的约束条件如下：

$$\sum_{m=1}^{M} \beta_m g_{ym} = -1 \qquad (8-15)$$

$$\sum_{m'=1}^{M} \beta_{mm'} g_{ym'} = 0,\ m=1,\ \cdots,\ M \qquad (8-16)$$

$$\sum_{m=1}^{M} \gamma_{nm} g_{ym} = 0,\ n=1,\ \cdots,\ N \qquad (8-17)$$

此外，为反映各投入变量之间及产出变量之间的对称性，得出式（8-18）和式（8-19）：

$$\alpha_{nn'} = \alpha_{n'n}, \; n \neq n', \; n, \; n' = 1, \cdots, N \qquad (8-18)$$

$$\beta_{mm'} = \beta_{m'm}, \; m \neq m', \; m, \; m' = 1, \cdots, M \qquad (8-19)$$

本研究通过随机前沿分析方法求解二次型方向性距离函数的各参数来估计方向性距离函数。随机前沿分析为参数型方法，在确定了生产函数形式的基础上提出了包含扰动项的随机边界模型，模型中包含随机误差项，来区分在失效率部分的技术无效率效应和随机误差，并且随机前沿分析方法可以体现样本的统计特性和样本计算的真实性，可以对其进行传统的统计检验。相对于数据包络分析（Data Envelopment Analysis，DEA）方法易受异常值影响，随机前沿分析方法所估计的效率值相对比较稳定。随机前沿分析利用回归模型来分析效率问题，需要给定具体的函数形式，其中失效率应设定为一个符合单边分配的误差项。在随机前沿分析方法中失效率是由附加误差项模拟的，其被设定为有两个参数（服从非负截尾正态分布）的附加误差项。最早的随机前沿分析方法模型形式由 Aigner、Lovell 和 Schmidt（1977）给出，具体如下：

$$y = \beta x + v - u \qquad (8-20)$$

$$u = |U|, \; U \sim N[0, \; \sigma_u^2]$$

$$v \sim N[0, \; \sigma_v^2]$$

其中，y 表示产出项，x 为投入项，其中起主要作用的随机扰动项由 v 和 u 组成。v 表示随机误差项，是生产者不能控制的影响因素，具有随机性，用于计算系统无效率；u 表示技术损失误差项，是生产者可以控制的影响因素，用来计算技术无效率，是我们使用随机前沿分析方法所要求得的最终值。关于失效率的假设除了半正态分布假设外，还有指数分布、截尾正态分布、伽马分布等。

由此可见，随机前沿分析方法是在回归模型中加入随机误差项，用来和无效率区别开，在生产前沿面上，无效率值为 0，所以可以将 0 设为因变量，基于上述的方向性产出距离函数，建立如下模型：

$$0 = \overrightarrow{D_O}(x, \; y; \; g) + v - u \qquad (8-21)$$

而在回归模型中因变量不能为 0，利用上述方向性产出距离函数的转换性质，可以得到如下的效率估计模型：

$$-\alpha = \overrightarrow{D_O}(x, \; y + \alpha \cdot g_y; \; g) + v - u \qquad (8-22)$$

通过所设定的具体的函数形式，可以使用回归方法对上述模型做出估计，进而可以得到参数及无效率 u 的估计值，并进一步计算各产出物的替代弹性。基于二次型方向性产出距离函数，上式可写成

$$\overrightarrow{D_O}(x_k,\ y_k;\ g_y) = \alpha_0 + \sum_{n=1}^{N} \alpha_n x_{nk} + \sum_{m=1}^{M} \beta_m y_{mk} + \frac{1}{2} \sum_{n=1}^{N} \sum_{n'=1}^{N} \alpha_{nn'} x_{nk} x_{n'k} +$$

$$\frac{1}{2} \sum_{m=1}^{M} \sum_{m'=1}^{M} \beta_{mm'} y_{mk} y_{m'k} + \sum_{n=1}^{N} \sum_{m=1}^{M} \gamma_{nm} x_{nk} y_{mk} \quad (8-23)$$

基于以上二次型方向性产出距离函数，可以得到 m 与 m' 产出的替代弹性：

$$M_{mm'} = y_m^* \left[\frac{\beta_{mm'}}{\beta_m + \sum\limits_{m'=1}^{M} \beta_{mm'} y_{m'} + \sum\limits_{n=1}^{N} \gamma_{nm} x_n} - \frac{\beta_{m'm'}}{\beta_{m'} + \sum\limits_{m=1}^{M} \beta_{mm'} y_m + \sum\limits_{n=1}^{N} \gamma_{nm'} x_n} \right] \quad (8-24)$$

8.3.2　实证模型与结果分析

1. 实证模型构建

本研究基于二次型方向性产出距离函数及森岛通夫产出替代弹性方程估算张掖市 1990—2015 年的粮食生产与各项关键生态系统服务之间的产出弹性关系，具体为采用随机前沿分析方法对二次型方向性产出距离函数进行参数估计，并基于估计结果分析各生态系统服务之间以及与农业生产之间的权衡关系，为该区域的土地利用管理及生态保护提供科学决策依据。根据前面章节中定义的函数，构造了包含五项产出、一项共同投入的投入产出面板数据，其中各项产出均为单位面积值，主要包括单位面积的粮食生产（Y_1）、水资源供给服务（Y_2）、土壤保持服务（Y_3）、固碳服务（Y_4）以及植被 NPP（Y_5）；关于生态系统服务联合生产的投入要素，参考 Ruijs 等（2013）、Bostian 和 Herlihy（2014）对生态系统服务联合产出的分析，以土地要素作为该系列生态系统服务生产的唯一共同投入要素，得到如下方程：

$$\vec{D}_O(x_k^t, y_k^t; g)$$

$$= \alpha_0 + \sum_{n=1}^{1} \alpha_n x_{nk}^t + \sum_{m=1}^{5} \beta_m y_{mk}^t + \frac{1}{2} \sum_{n=1}^{1} \sum_{n'=1}^{1} \alpha_{nn'} x_{nk}^t x_{n'k}^t +$$

$$\frac{1}{2} \sum_{m=1}^{5} \sum_{m'=1}^{5} \beta_{mm'} y_{mk}^t y_{m'k}^t + \sum_{n=1}^{1} \sum_{m=1}^{5} \gamma_{nm} x_{nk}^t y_{mk}^t \qquad (8-25)$$

为方便计算，消除变量的量纲影响，同时保证单位测量之间的相互独立性，在参数估计前将各投入产出分别除以其平均值进行标准化处理，意味着使用标准化单位土地生产标准化单位的粮食与各项生态系统服务（Shepherd，2015）。标准化过程中土地投入被标准化为固定投入（1单位公顷），由此相当于方程中的生产模型没有投入要素（Lovell and Pastor，1997），根据 Fare 等（2006）的进一步研究，定义方向向量为 $g=(1, 1, 1, 1, 1)$，得到如下方程：

$$\vec{D}_O(1, y_k^t; 1) = \alpha_0 + \sum_{m=1}^{5} \beta_m y_{mk}^t + \frac{1}{2} \sum_{m=1}^{5} \sum_{m'=1}^{5} \beta_{mm'} y_{mk}^t y_{m'k}^t$$

$$(8-26)$$

其中，方程的常数项 α_0 包含了方程（8-25）中固定土地投入的系数 α_1 和 α_{11}，同理 y_m 的各项系数 β_m 包含了方程（8-25）中的系数 γ_{1m}。根据以上方程得到森岛通夫产出弹性系数（MES）的计算公式如下：

$$M_{mm'} = y_{m'}^{*} \left[\frac{\beta_{mm'}}{\beta_m + \sum_{m'=1}^{M} \beta_{mm'} y_{m'}} - \frac{\beta_{m'm'}}{\beta_{m'} + \sum_{m=1}^{M} \beta_{mm'} y_m} \right] \quad (8-27)$$

式中，$y_{m'}^{*} = y_{m'} + \beta_{m'}$，为了对产出弹性系数进行计算，需要根据式（8-27）进行参数估计，由于 $\vec{D}_O(1, y_k^t; 1)$ 的值是不可观测的，因此在方程中根据转移性质，引进转移因子 $\Omega_k = y_{1k}$，并对方程两边同时减去 $\vec{D}_O(1, y_k^t; 1) = u$，再加入误差项，得到如下方程：

$$-y_{1k}^t = \alpha_0 + \sum_{m=2}^{5} \beta_m y_{mk}^{'t} + \frac{1}{2} \sum_{m=1}^{5} \sum_{m'=1}^{5} \beta_{mm'} y_{mk}^{'t} y_{m'k}^{'t} + v_k^t - u_k^t$$

$$(8-28)$$

其中，$y_m^{'t} = y_m^t + y_1^t$。基于以上设定的具体方程，本研究采用随机前沿分析方法对参数进行估计并计算得到张掖市粮食生产与各项关键生态系统服务之间的替代弹性关系（表8-3），张掖市内各集水区单元的生态系统服务联合生产效率（图8-7），以及粮食生产与各项关键生态系统服务之间的产出替代弹性的空间分布（图8-8）。

2. 实证结果分析

由图8-7可看出，张掖市的粮食生产服务与关键生态系统服务的联合生产效率具有明显的地带性分布特点，从张掖市的上游至下游地区呈现明显的下降趋势，其中位于肃南县北部的祁连山区地带的集水区的生态系统服务生产效率最高达到0.8以上，而位于高台县西北部的荒漠地区的生态系统服务的生产效率低至0.3左右，处于中游地区的绿洲农业地带的生态系统服务生产效率处于中等水平，在0.4~0.7。由此说明，张掖市内的生态系统服务主要来源于上游地区，而下游西北部的生态环境问题较为严重，提供生态系统服务的能力较低。

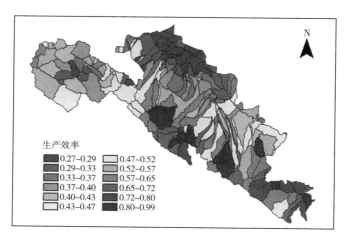

图8-7　张掖市集水区尺度生态系统服务联合生产效率空间分布

表8-3统计了张掖市的集水区尺度的粮食生产与各项关键生态系统服务之间的产出替代弹性的均值及标准误等信息。由表8-3可看出，张掖市集水区尺度的粮食生产与水资源供给服务、土壤保持服务、固碳服务及植被NPP之间的产出替代弹性的均值分别为-0.15、-0.37、0.02及0.17，说明从张掖市整体的平均水平来看，粮食生产与水资源供给服务和土壤保持服务之间呈替代关系，也即存在权衡关系，而与固碳服务与植被NPP之间为互补关系，即存在协同关系。但是，从各项的标准误来看，

粮食生产与土壤保持服务之间的产出替代弹性的标准误远高于其他三组的值，表明集水区尺度内粮食生产与土壤保持服务之间的产出替代弹性具有较强的空间差异性。为进一步明确粮食生产与生态系统服务之间准确的权衡关系，需要对它们进行空间分析。

表 8 - 3　张掖市粮食生产及各项关键生态系统服务之间的产出替代弹性

产出替代弹性		符号	均值	标准误	最小值	最大值
粮食生产	水资源供给	M12	−0.15	0.20	−1.20	0.29
	土壤保持	M13	−0.37	6.96	−39.77	36.73
	固碳	M14	0.02	0.39	−1.08	3.09
	植被 NPP	M15	0.17	2.45	−3.59	17.90

根据产出替代弹性的定义，替代弹性的绝对值越高，说明两者之间的权衡或协同关系越强，基于此可以说明粮食生产与各项关键生态系统服务之间权衡关系大小的空间差异。从图 8 - 8 中粮食生产对水资源供给的产出替代弹性的空间分布来看，张掖市的中上游地区的粮食生产与水资源供给存在显著的权衡关系（M12＜0），且权衡的幅度越往上游地区越大，其表示的意义为实现同等量的粮食生产的增加，越往上游地区，所需要付出的水资源供给的机会成本越大，因此上游地区作为张掖市重要水资源供给地区，需要实施完善的生态保护措施，保证生态系统服务的生产与供给的可持续。相反，张掖市西北部地区的粮食生产与水资源供给服务具有一定的协同作用，主要原因为西北地区为干旱荒漠区，气候干燥，农作物覆盖能够起一定的产水作用。然而值得注意的是，张掖市中下游的水资源供给服务的绝对量较小，干旱缺水、生态环境脆弱，且水资源供给服务中没有考虑到地区土地利用的水资源消耗。张掖市中下游耕地增加的情况下，农业生产活动的加强导致灌溉用水量上升，进一步挤占生态用水，导致地下水位持续下降，引发张掖市的水资源矛盾与生态退化。因此，为保证张掖市生态系统与农业生产的可持续发展，可基于张掖市粮食生产与水资源供给的产出替代弹性空间分布及气候、水资源消耗等因素，综合考量并合理规划土地利用。

　　从张掖市的粮食生产与土壤保持服务之间的产出替代弹性空间分布可

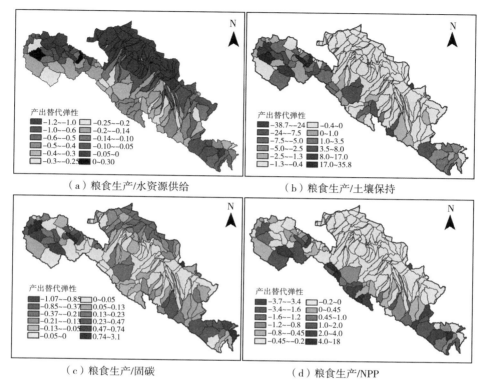

（a）粮食生产/水资源供给　　　　　　（b）粮食生产/土壤保持

（c）粮食生产/固碳　　　　　　　　（d）粮食生产/NPP

图 8-8　张掖市集水区尺度粮食生产与关键生态系统服务产出替代弹性空间分布

看出，大部分区域的两者之间的产出替代弹性都小于零（M13<0），但可以看到其中张掖市中下游的大部分地区的产出替代弹性的负值主要分布在－0.4～0，说明该地区的粮食生产与土壤保持服务之间的权衡关系较弱，该结果与第 5 章中土壤保持服务驱动机制分析结果及第 7 章中控制气候不变背景方案下的生态系统服务的空间动态权衡分析结果具有一定的差异性，可能的原因为在考虑生态系统服务的联合生产中未考虑环境变量的影响，从而结果具有微弱的偏差。上游部分地区的产出替代弹性值的绝对值较大，为－38.7～－2.5，说明粮食生产与土壤保持服务之间的权衡关系若发生在上游地区，其权衡的程度越大，满足等量的粮食生产的增加，上游地区所需要付出的土壤保持服务的代价越大。张掖市上游部分集水区内的粮食生产与土壤保持服务之间存在相互协同关系，可能因为受该集水区内的降雨与地形因素等条件的影响，区域内粮食增加的同时能够相对地减

少土壤流失。

从张掖市的粮食生产与固碳服务之间的产出替代弹性空间分布可看出，粮食生产与固碳服务呈权衡关系的地区主要分布于张掖市西北部上游部分地区；在张掖市中游的主要绿洲灌溉农业区，粮食生产与固碳服务之间主要表现为协同关系，即该地区的粮食生产有益于固碳量的增加。总体来看，张掖市的粮食生产与固碳服务之间的产出替代弹性值的正值与负值的分布与幅度大致相当，因此两者之间总体的权衡或协同关系较弱（平均值 M14＝0.02）。

从张掖市的粮食生产与植被 NPP 之间的产出替代弹性空间分布可看出，粮食生产与植被 NPP 之间的产出替代弹性大部分地区的值为负，但其中负值主要集中于－0.2～0，说明张掖市的粮食生产与植被 NPP 之间的权衡关系较弱；张掖市上游部分少量地区的粮食生产与植被 NPP 存在较强的协同关系，且协同幅度较强，整体上抵消了张掖市大部分地区的权衡关系。因此，张掖市整体的粮食生产与植被 NPP 之间的权衡或协同关系也较弱。综上，可以看出张掖市的粮食生产与固碳服务及植被 NPP 之间的空间权衡或协同关系都较不明显，说明增加粮食生产导致的固碳服务或植被 NPP 的机会成本较小，主要原因为张掖市的农作物生产对该地区的固碳服务与植被 NPP 积累都具有较大贡献，与林地及草地对生态系统中的固碳服务及植被 NPP 的调节能力相当，因此当增加耕地面积时，对集水区内的固碳量与植被 NPP 影响较小。

生态系统服务之间权衡或协同关系是普遍存在的，主要通过共同驱动因子的作用及生态系统服务之间的相互作用而产生影响（戴尔阜等，2015）。第 5 章中生态系统服务空间动态变化驱动机制解析表明不同自然因子及人文因子对各类关键生态系统服务动态变化的驱动作用的程度与方向都存在差异，从而导致生态系统服务变化方向的差异，如农业生产及农业技术提升等在显著改善土壤保持服务的同时，也可能会引起水资源供给服务的退化，从而导致生态系统服务之间的权衡变化。此外，生态系统服务之间的作用关系会表现出区域差异性（Raudsepp‐Hearne et al.，2010），从图 8‐8 可看出，张掖市的粮食生产与各项关键生态系统服务之间的产出替代弹性具有空间差异性，相邻集水区的生态系统服务替代弹性也有可能呈现相反的值。主要原因可能是各集水区中的土地利用格局、土壤特征、农业生产条件、人口压力等不同的特征而导致生态系统服务的权衡或协同关系存在差异（Ruijs et al.，2013）。

8.4 本章小结

厘清生态系统服务之间的关系是有效管理生态系统的重要前提，本章选择张掖市基于 InVEST 模型评估得到的两项生态系统调节服务（土壤保持、固碳）和一项生态系统供给服务（水资源供给），基于遥感数据获得的一项生态系统支持服务（植被 NPP），以及基于社会经济统计及空间分配得到的一项产品供给服务（粮食生产），共五项生态系统服务，通过一般数理统计的定性分析及基于生产函数理论的定量分析，来研究张掖市的不同生态系统服务之间的变化关系，以此揭示多项生态系统服务之间的空间权衡或协同关系。主要结论如下：

（1）不同土地利用类型的各种生态系统服务的供给状况不同。其中，林地生态系统单位面积的各项生态系统服务的供给量都最高，草地的水资源供给服务能力较为突出，耕地的植被 NPP 积累能力较其他三项生态系统服务稍大。从时间尺度上看，由于自然条件及人为因素的驱动作用，不同时期的各类土地利用的各项关键生态系统服务存在变化与权衡，林地、草地和耕地生态系统中的水资源供给服务与植被 NPP 表现为同增同减的协同关系，而水资源供给服务及植被 NPP 与土壤保持服务表现为此消彼长的权衡关系。

（2）生态系统服务之间的相关分析分为静态相关分析与动态变化相关分析。基于集水区尺度的生态系统服务静态空间分布及统计分析可知，受不同的气候条件及土地利用的类型、格局与强度的影响，生态系统服务的分布具有一定的时空差异性。静态相关分析结果表明，水资源供给、土壤保持、固碳及植被 NPP 4 种生态系统之间在静态空间上为协同关系，粮食生产与水资源供给、土壤保持及固碳服务之间为空间静态权衡关系。动态变化相关分析体现的是各项生态系统服务在受到外界因素的影响后，不同生态系统服务之间相互作用而导致的生态系统服务变化量之间的此消彼长或是同增同减的关系。动态变化相关分析结果表明，在气候变化与土地利用变化共同驱动作用下，植被 NPP 变动与水资源供给服务变动呈显著负相关关系，与固碳服务变动呈显著正相关关系，粮食生产变化仅与水资源供给服务变动呈负相关关系，而与土壤保持服务、固碳服务及植被 NPP 变动呈显著的正相关关系，说明在气候与土地利用共同驱动作用下，粮食生产与水资源供给服务之间存在显著的权衡关系。此外，气候不变背景方案下，粮食生产变动呈现与水资源供给变化之间的协同关系，而水资源供给变化与土壤保持变化呈现权衡关系，表明气候变化对生态系统服务之间权衡关系的影响能够有效抵消土地利用变化带来的影响，生态系统服务的权衡关系是气候变化与土地利用共同驱动机制作用的结果。

（3）基于生产前沿理论，采用方向性产出距离函数方法定量评估了张掖市集水区尺度各项生态系统服务联合生产的生产效率，以及粮食生产与各项关键生态系统服务之间的产出替代弹性，以此表征其两两之间的权衡或协同关系。评估结果表明，张掖市的粮食生产与关键生态系统服务的联合生产效率具有明显的地带性分布特征。从张掖市的上游至下游地区呈现明显的下降趋势，表明张掖市内的生态系统服务主要来源于上游地区，而下游西北部地区的生态环境问题较为严重，提供生态系统服务的能力较低。总体来看，张掖市集水区尺度的粮食生产与水资源供给服务和土壤保持服务之间存在权衡关系，而与固碳服务与植被 NPP 之间存在协同关系。从空间分布特征来看，张掖市的粮食生产与各项关键生态系统服务之间的权衡或协同关系受到区域内各种因素的影响而存在差异。其中粮食生产与水资源供给服务在张掖市的中上游地区表现为显著的权衡关系，在张掖市西北部地区表现为一定的协同关系；张掖市的粮食生产与土壤保持服务之间在中下游大部分地区存在微弱的此消彼长的权衡关系；张掖市的粮食生产与固碳服务呈权衡关系的地区主要分布于张掖市西北部上游部分地区，两者之间的产出替代弹性值的正值与负值的分布与幅度大致相当，导致其总体的权衡或协同关系较弱；张掖市整体的粮食生产与植被 NPP 之间的权衡或协同关系也较弱，说明当增加耕地面积时，对集水区内的固碳量与植被 NPP 影响较小。

从管理学角度看，生态系统服务权衡/协同分析主要服务于追求总体效益最大且可持续供给，有助于管理者和利益相关者从权衡利弊的角度决策哪些区域适合发展农业生产，哪些区域需要重点进行生态保护。本章基于张掖市的生态系统服务的权衡/协同关系的分析结果，揭示了不同生态系统服务之间的权衡/协同关系及其空间差异性，主要分析了农业生产与各类关键生态系统服务之间的替代弹性系数的空间差异，虽然缺少关于生态系统服务的社会经济效益的分析，但该信息仍可为未来的土地利用与生态系统服务管理提供有效的决策支持。基于分析结果可知，张掖市的粮食生产与水资源供给、土壤保持、固碳及植被 NPP 的权衡主要分布于上游地区，表明上游地区的人类活动所带来的其他生态系统服务损失的机会成本较高，上游地区应作为生态重点保护区，以维持生态系统服务的可持续发展。

第9章 总结与展望

　　生态系统服务是人类社会赖以生存的基础。随着社会经济的逐步发展，人类逐步以牺牲生态环境为代价以提升自身的福祉，导致地区出现严重的生态退化问题，影响生态系统服务的供给。此外，由于人类对各项生态系统服务的偏好不同以及不同区域内自然环境的差异性，不同生态系统服务在人类活动及气候变化等因素干扰下，变化程度与方向存在空间异质性，生态系统服务之间的相互作用也不同，因此各项生态系统服务之间存在着相互权衡或协同关系。厘清区域内的生态系统服务的空间动态及权衡特征，对于区域的生态系统管理与可持续发展具有重要意义。张掖市是西北内陆黑河流域中游重要的生态功能区，同时也是重要的商品粮生产基地，在全流域经济社会和生态建设保护中占据重要地位，张掖市的生态系统服务变化将直接影响全流域的生态安全和区域经济社会发展。

　　本书以张掖市为研究区，基于通过遥感获取的土地利用数据，分析了张掖市 1990—2015 年的土地利用动态变化特征；结合地理信息技术和生态系统服务评估 InVEST 模型，系统评估了张掖市不同时期土地利用变化下的关键生态系统服务的空间动态变化；构建多层次模型解析了张掖市的自然因素与人文因素在不同层次对生态系统服务动态变化的驱动机制。从关键水文过程响应机制的角度，并根据张掖市的干旱区绿洲特点，突出干旱区背景下可利用水资源量对土地利用及绿洲生态系统的影响，结合 DLS 模型与 SWAT 模型，解析了不同情景下的主要生态水文过程对土地利用变化的响应；基于生产效率理论与随机前沿分析方法量化了张掖市各项生态系统服务间的空间权衡关系。综上，本书系统和定量地解析了张掖市生态系统中的土地利用变化及其引起的一系列的关键生态系统服务的动态变化与权衡关系，可为张掖市制定有效的水土资源利用及生态系统管理措施，以维持生态与社会经济可持续发展，提供重要决策支持信息。

9.1　主要结论

（1）张掖市 1990—2015 年的土地利用结构与空间格局动态变化显著，不同时间阶段的土地利用动态特征及土地转移类型存在差异，25 年内的变化主要表现为耕地面积扩张，草地及未利用地面积缩减。

本书分析了张掖市 1990—2015 年不同时间段的各种土地利用类型面积的变化速度、幅度及动态度，并通过转移矩阵与空间栅格计算解析了土地利用空间格局的动态变化特征。随着张掖市的人口增长与经济的快速发展，张掖市的土地利用发生了显著的变化。过去 25 年的土地利用变化的基本趋势主要表现为耕地和建设用地的显著扩张，林地少量增长，而草地、未利用地及水域用地减少。从土地利用转移的空间格局来看，1990—2015 年张掖市的土地利用转移呈现带状分布，集中分布于绿洲平原的沿河谷地区、灌溉渠系与机井密布地带。从土地利用转移结构来看，1990—2000 年土地利用转移主要表现为草地和林地向耕地转变及退化为未利用地；2000 年后，随着退耕还林还草政策的实施，张掖市的耕地转移为林地的面积增加，林地面积呈一定的扩张趋势；而由于张掖市社会经济发展及农业生产活动的加强，草地仍持续转变为耕地，但转移速率有所下降，与此同时大量未利用地被开垦为耕地。1990—2015 年张掖市的耕地、草地和未利用地三者之间的快速转换反映了人类活动强度的增加及其对生态系统胁迫的加剧。自 2000 年黑河流域实施干流统一水量调度后，张掖市的水资源利用更为紧缺，而耕地持续扩张，灌溉用水挤占生态用水，导致生态退化。因此，张掖市需要进一步严格控制耕地的发展，有效调整产业结构，以保障张掖市未来的水资源有效利用及社会经济生态的可持续发展。

（2）受土地利用与气候等因素的影响，张掖市 1990—2015 年不同生态系统服务的空间分布具有显著且稳定的区域差异性，不同生态系统服务变化对土地利用变化及区域气候变化的响应的程度与方向不一。

本书基于 InVEST 模型及植被 NPP 遥感产品定量评估张掖市 1990—2015 年的水资源供给、土壤保持与固碳及植被 NPP 等关键生态系统服务的物理量，同时对其空间分布状态及时空变化特征进行了解析。总体来说，张掖市的各项生态系统服务的空间分布格局相对稳定，其中东南部祁连山区地带的生态系统服务能力相对较强，而西北部的绿洲与荒漠过渡区生态系统服务能力相对较弱，主要与张掖市内的气候差异有关。受土地利用变化及气候变化等自然因素的共同驱动影响，各项生态系统服务的物质量变化具有时空差异性。1990—2015 年，张掖市产水量的变化与降水量一致呈先降低后增加的趋势，土壤保持量总体呈下降趋势，固碳量随着土地利用变化呈先下降后上升的趋势，植被 NPP 总体呈现波动上升的趋势。土地利用变化是引起生态系统服务变化的直接驱动力之一，水资源供给、土壤保持、固碳及植被 NPP 4 项生态系统服务都与土地利用密切相关。在气候不变方案下，其他用地转为林地后产水能力下降，转为草地后产水能力上升，说明林地在同等气候条件下对区域内的产水具有抑制作用，草地则对产水具有促进作用；而其他用地向林地和草地的转移导致土壤保持量增加；林地和草地的固碳服务明显高于其他土地利用类型，耕地也发挥了一定的固碳作用；不同土地利用类型的植被 NPP 积累中，耕地和林地的植被 NPP 平均值远大于其他土地利用类型。

张掖市各项关键生态系统服务的空间分布及时空变化不仅受到土地利用类型变化的影响，还与降水量、降雨强度、蒸散发等气候因素及地形条件等自然因素的空间分布与动态变化具有密切的关系。因此，分析生态系统服务变化的机制，需要综合考虑各种外在因素的综合作用，由此得到的分析结果才具有科学合理性。一方面，位于黑河流域上游地区的肃南县为张掖市重要的生态系统服务供给地，水资源供给服务、土壤保持服务和固碳服务三项重要的调节服务与植被 NPP 支持服务都主要分布于肃南县地区。张掖市肃南县的生态系统服务供给量高，但同时受气候变化与人类活动扰动后变动幅度大，未来生态系统管理中需要继续实施保护措施。另一方面，张掖市平原绿洲地区的水资源供给服务有限，综合考虑区域的气候特征，该地区农业生产活动强度需要加以控制以防人类活动干扰导致各项关键生态系统服务的损失，加强水土资源的合理配置，以维持区域的社会经济与生态的可持续发展。本书揭示的生态系统服务变化受土地利用及气候变化的影响规律，可以为张掖市的土地利用与生态系统管理提供有效的空间决策参考。

（3）张掖市生态系统服务的变化主要归因于县域层次人文驱动因子与集水区层次自然驱动因子在各自层次对生态系统服务变化的共同驱动作用，不同层次驱动因子对各生态系统服务作用的程度与方向存在差异。

本书基于 InVEST 模型评估得到了不同时期的张掖市集水区尺度的水资源供给、土壤保持、固碳及植被 NPP 4 项关键生态系统服务的单位面积物理量，采用多层次模型定量分析了县域层次的人文驱动因子及集水区层次的自然驱动因子对各项生态系统服务的驱动机制。多层次模型的验证结果表明，张掖市各项关键生态系统服务变化的层次性显著，有必要对县域层次的人文驱动因子及集水区层次的自然驱动因子进行分层次驱动机制解析。从自然驱动因子看，降水量的增加能够显著提升产水量，而蒸散量的增加能够显著降低产水量；降雨侵蚀力是显著影响土壤保持服务的因子，降雨侵蚀力越大的地区，其土壤保持服务越强；固碳服务主要受土地利用因子的影响，林地和草地及耕地的面积比例越大，固碳量越多；日照时数与土壤有机质含量对植被 NPP 有显著的正向作用。从人文驱动因子看，粮食生产、畜牧业生产以及农业生产技术的提升对产水量起负作用，但对土壤保持服务起正向作用；人口密度、地均 GDP 及第三产业产值比例对植被 NPP 也具有显著的正向驱动作用；地均 GDP、第三产业产值比例、农民人均纯收入对固碳服务有显著正向作用，畜牧业生产对固碳服务具有显著负向作用。

对各生态系统服务变化的自然与人文驱动因子分析表明，生态系统服务变化受气候条件等自然驱动因子及区域内农业生产等人文驱动因子的共同作用。基于不同模型的各驱动因子的系数可以看到，两类驱动因子的作用相互影响，在驱动生态系统服务变化的方向上可能存在对彼此作用的抵消。此外，比较相同的人文驱动因子对不同生态系统服务的驱动作用，可以看出，人类活动对不同生态系统服务的影响方向存在差异，如人类社会经济发展、农业生产及农业技术提升对土壤保持服务具有正向作用，同时对水资源供给服务具有负向作用，由此导致生态系统服务之间的权衡变化。

本书尝试从生态水文过程对土地利用变化响应的角度考察土地利用变

化对生态系统服务变化的影响机制。参考土地利用变化与水资源约束条件，本研究获取了张掖市 2020 年的土地利用情景，结合 DLS 模型与 SWAT 模型模拟不同情景下的土地利用与关键生态水文过程的响应。在水资源约束下，随着可利用水资源量的提升，张掖市林地和草地保持扩张趋势，耕地与未利用地呈下降趋势，导致黑河流域中上游地区的产水与地表径流深度都呈现出一定的下降趋势，表明了林地和草地的共同增长对区域的产水与产流具有一定的抑制作用。张掖市的水土资源具有复杂的相互作用关系，在水土资源配置过程中，在考虑水资源约束土地利用的同时需要考虑生态水文过程对预期的土地利用变化的响应，由此指导地区进行合理的水土资源规划，以维持社会经济与生态的可持续发展。

（4）张掖市生态系统服务之间存在复杂的权衡与协同关系，不同土地利用类型的各类生态系统服务之间存在权衡或协同关系，生态系统服务之间的静态与空间动态权衡关系表现不一，两种生态系统服务之间的权衡关系在不同空间上也具有显著差异。

首先基于简单的玫瑰图及相关分析，本研究定性地阐述了不同土地利用类型的各项生态系统服务权衡关系，以及基于集水区尺度的各项生态系统服务之间的静态与空间动态权衡关系；其次，基于生产理论的前沿分析方法，采用二次型的方向性产出距离函数，通过随机前沿分析方法求解，着重分析了张掖市粮食生产服务与各项关键生态系统服务之间的空间权衡关系，为张掖市的土地利用规划及生态系统管理决策提供有效的空间信息。

基于玫瑰图分析可知，受自然条件及人为因素的驱动作用，林地、草地和耕地生态系统中的水资源供给服务与植被 NPP 表现为同增同减的协同关系，而水资源供给服务及植被 NPP 与土壤保持服务表现为此消彼长的权衡关系。从生态系统服务之间的静态权衡关系来看，水资源供给、土壤保持、固碳及植被 NPP 4 种生态系统服务之间在静态空间上为协同关系，粮食生产与水资源供给、土壤保持及固碳服务之间为空间静态权衡关系；从动态权衡来看，植被 NPP 变动与水资源供给服务变动呈显著负相关关系，与固碳服务变动呈显著正相关关系，粮食生产变化仅与水资源供给服务变动呈负相关关系，而与土壤保持服务、固碳服务及植被 NPP 变动呈显著的正相关关系，说明在气候与土地利用共同驱动作用下，粮食生产与水资源供给之间存在显著的权衡关系。在气候不变方案下，粮食生产、水资源供给及土壤保持三者之间的空间动态权衡或协同关系正好相反。

　　基于方向性产出距离函数测算的结果表明，粮食生产与各项关键生态系统服务之间的权衡或协同关系具有空间差异性。其中，粮食生产与水资源供给服务在张掖市的中上游地区表现为显著的权衡关系，而在西北部地区表现为一定的协同关系；粮食生产与土壤保持服务之间主要表现为微弱的此消彼长的权衡关系；粮食生产与固碳服务之间在权衡与协同关系的空间分布面积与幅度大致相当，导致其总体的权衡或协同关系较弱；张掖市整体的粮食生产与植被 NPP 之间的权衡或协同关系也较弱，说明当增加耕地面积时，对集水区内的固碳量与植被 NPP 影响较小。生态系统服务相互权衡或协同关系的定量化及空间分布特征分析有助于更好地指导区域生态保护政策的实施与生态系统服务管理。

　　基于生态系统服务的空间动态变化分析、自然与人文因子的多层次驱动机制分析、生态水文过程对土地利用变化的响应分析及生态系统服务之间的空间权衡分析的结果都表明，张掖市的耕地扩张活动在开垦草地和未利用地用来提升粮食生产的生态系统供给服务的同时，对生态系统内的其他调节与支持服务都有一定的影响。在张掖市的气候变化与土地利用变化共同驱动作用下，粮食生产供给服务与生态系统中的水资源供给服务之间的权衡尤为显著。张掖市是黑河流域重要的农业生产基地，农业绿洲区降水量少而蒸发量大，二十多年内张掖市的耕地侵占了大量草地并开垦了大量的未利用地，综合耕地的扩张与气候条件的影响，耕地扩张总体不利于产水量的增长，又增加了灌溉水的需求，影响水资源供需平衡，导致张掖市的水资源矛盾更加突出。因此，为保障张掖市水资源的供给与需求平衡以维持生态系统的可持续发展，需要综合考虑气候因素等自然因素，严格控制耕地的扩张，合理配置水资源与土地利用结构。基于分析结果可知，张掖市的粮食生产与水资源供给、土壤保持、固碳及植被 NPP 的权衡主要分布于上游地区，表明上游地区的人类活动所带来的其他生态系统服务损失的机会成本较高，上游地区应作为生态重点保护区，以维持生态系统服务的可持续发展。

9.2　主要创新点

（1）针对生态系统服务的空间动态与权衡分析，采用生产前沿理论方法，本书构建了生态系统服务联合生产的二次型方向性产出距离函数并开展权衡分析，科学地解释了张掖市农业生产与各项关键生态系统服务之间的空间权衡关系，研究成果对张掖市的土地利用规划与生态系统管理具有重要决策支持作用，同时为探索生态系统服务的空间动态权衡分析提供了新的思路。

（2）针对生态系统服务变化驱动机制分析，本书引入了多层次模型，在适宜的层次引入了适宜的变量，科学评价了张掖市微观集水区层次自然驱动因子和宏观县域层次人文驱动因子对生态系统服务变化的影响机制，为研究生态系统服务变化中自然与人文因素耦合驱动机制提供了新的方法途径。

（3）基于更新的土地利用、气候及社会经济等时空数据，本书空间显性地分析了生态系统服务的动态特征及生态系统服务之间权衡或协同的空间特征，能够直观地为研究区的土地利用与生态系统管理决策提供参考。

9.3　不足与展望

（1）生态系统服务权衡存在于不同的时空尺度及不同利益相关者之间，且需要考虑各类生态系统服务变化的阈值，本书只定量研究了在同一时空尺度的张掖市各项生态系统服务之间的权衡关系，缺乏生态系统服务不同时空尺度之间的权衡分析及生态系统服务变化阈值分析等。为深入解析各项生态系统服务之间的权衡关系，相关研究还有待深入。

（2）基于不同土地利用变化情景下的生态系统服务变化之间的相互关系以及生态过程响应与生态系统服务之间关系的分析研究是支持生态系统管理决策的重要基础，有助于理解和把握生态系统的形成过程、驱动机理及相互关系。本书仅考察了不同水资源约束的土地利用变化情景下的产水量与径流的水文过程，对于其他决策情景的不同生态过程的响应机理尚缺乏全面的认识。未来研究中需要进一步系统地对区域不同决策情景下的主要生态过程响应及其对生态系统服务的形成与影响进行深入研究。

（3）本书主要遴选了 4 项关键的生态系统服务，所涉及的生态系统服务种类相对较少，加上 InVEST 模型对复杂的生态过程进行了简化处理以及参数获取的不确定性等问题，导致本研究对于评价张掖市总体的生态系统状况具有一定的局限性，但总体上可以阐明土地利用及气候变化等驱动因素作用下的生态系统服务变化及其权衡关系，有助于为张掖市生态系统管理决策提供参考信息。在未来进一步的研究中，需要对生态系统服务评估的种类及方法进行完善与补充，使研究结果更加可靠实用。

参考文献

REFERENCES

包玉斌，李婷，柳辉，等，2016. 基于 InVEST 模型的陕北黄土高原水源涵养功能时空变化 [J]. 地理研究，35（4）：664-676.

蔡崇法，丁树文，史志华，等，2000. 应用 USLE 模型与地理信息系统 IDRISI 预测小流域土壤侵蚀量的研究 [J]. 水土保持学报，14（2）：19-24.

陈仲新，张新时，2000. 中国生态系统效益的价值 [J]. 科学通报，45（1）：17-22.

程春晓，徐宗学，张淑荣，等. 黑河流域 NPP 对气候变化及人类活动的响应 [J]. 北京师范大学学报：自然科学版，2016，52（5）：571-579.

程国栋. 黑河流域水—生态—经济系统综合管理研究 [M]. 北京：科学出版社，2009：581.

戴尔阜，王晓莉，朱建佳，等. 生态系统服务权衡/协同研究进展与趋势展望 [J]. 地球科学进展，2015，30（11）：1250-1259.

戴尔阜，王晓莉，朱建佳，等. 生态系统服务权衡：方法、模型与研究框架 [J]. 地理研究，2016，35（6）：1005-1016.

邓祥征. 土地系统动态模拟 [M]. 北京：中国大地出版社，2008a：191.

邓祥征. 土地用途转换分析 [M]. 北京：中国大地出版社，2008b：259.

段瑞娟，郝晋珉，张洁瑕. 北京区位土地利用与生态服务价值变化研究 [J]. 农业工程学报，2006，22（9）：21-28.

付超，于贵瑞，方华军，等. 中国区域土地利用/覆被变化对陆地碳收支的影响 [J]. 地理科学进展，2012，（1）：88-96.

傅伯杰，张立伟. 土地利用变化与生态系统服务：概念、方法与进展 [J]. 地理科学进展，2014，1（4）：441-446.

傅伯杰. 我国生态系统研究的发展趋势与优先领域 [J]. 地理研究，2010，29（3）：383-396.

傅伯杰，于丹丹. 生态系统服务权衡与集成方法 [J]. 资源科学，2016，38（1）：1-9.

韩晋榕. 基于 InVEST 模型的城市扩张对碳储量的影响分析 [D]. 长春：东北师范大学，2013.

胡胜，曹明明，刘琪，等. 不同视角下 InVEST 模型的土壤保持功能对比 [J]. 地理研究，2014，33（12）：2393-2406.

黄从红. 基于 InVEST 模型的生态系统服务功能研究：以四川宝兴县和北京门头沟区为例
[D]. 北京：北京林业大学，2014.

黄从红，杨军，张文娟. 生态系统服务功能评估模型研究进展 [J]. 生态学杂志，2013，
32 (12)：3360 - 3367.

黄卉. 基于 InVEST 模型的土地利用变化与碳储量研究 [D]. 北京：中国地质大
学，2015.

降同昌，王玉川，巩杰，等. 生态系统服务功能变化的驱动力分析初探 [J]. 中国科技论
文在线精品论文，2010，3 (7)：723 - 728.

李建勇，陈桂珠. 生态系统服务功能体系框架整合的探讨 [J]. 生态科学，2004，23
(2)：179 - 183.

李军玲，邹春辉. 基于 GIS 的河南省土壤侵蚀定量评估研究 [J]. 土壤通报，2010，(5)：
1161 - 1164.

李敏. 基于 InVEST 模型的生态系统服务功能评价研究 [D]. 北京林业大学，2016.

李文华. 生态系统服务功能价值评估的理论、方法与应用 [M]. 北京：中国人民大学出
版社，2008：365.

李屹峰，罗跃初，刘纲，等. 土地利用变化对生态系统服务功能的影响：以密云水库流
域为例 [J]. 生态学报，2013，33 (3)：726 - 736.

李玉山. 黄土高原森林植被对陆地水循环影响的研究 [J]. 自然资源学报，2001，16
(5)：427 - 432.

林波. 三江平原挠力河流域湿地生态系统水文过程模拟研究 [D]. 北京：北京林业大
学，2013.

刘纪远，邵全琴，樊江文. 三江源区草地生态系统综合评估指标体系 [J]. 地理研究，
2009，28 (2)：273 - 283.

刘金巍，靳甜甜，刘国华，等. 黑河中上游地区 2000—2010 年土地利用变化及水土保持
服务功能 [J]. 生态学报，2014，1 (23)：7013 - 7025.

刘兴元，龙瑞军，尚占环. 草地生态系统服务功能及其价值评估方法研究 [J]. 草业学
报，2011，20 (1)：167 - 174.

欧阳志云，王桥，郑华，等. 全国生态环境十年变化（2000—2010 年）遥感调查评估
[J]. 中国科学院院刊，2014，29 (4)：462 - 466.

欧阳志云，王如松. 生态系统服务功能、生态价值与可持续发展 [J]. 世界科技研究与发
展，2000，22 (5)：45 - 50.

朴世龙，方精云，黄耀. 中国陆地生态系统碳收支 [J]. 中国基础科学，2010，12 (2)：
20 - 22.

苏常红. 生态系统服务时空变异及人文驱动机制研究：以延河流域为例 [D]. 北京：中

国科学院大学，2011.

苏常红，傅伯杰. 景观格局与生态过程的关系及其对生态系统服务的影响 [J]. 自然杂志，2012，34 (5)：277-283.

粟晓玲，康绍忠，佟玲. 内陆河流域生态系统服务价值的动态估算方法与应用：以甘肃河西走廊石羊河流域为例 [J]. 生态学报，2006，26 (6)：2011-2019.

孙艺杰，任志远，赵胜男. 关中盆地生态服务权衡与协同时空差异 [J]. 资源科学，2016，38 (11)：2127-2136.

万利，陈佑启，谭靖，等. 土地利用变化对区域生态系统服务价值的影响：以北京市为例 [J]. 地域研究与开发，2009，28 (4)：94-99，109.

王军，顿耀龙. 土地利用变化对生态系统服务的影响研究综述 [J]. 长江流域资源与环境，2015，24 (5)：798-808.

吴玲玲，陆健健，童春富，等. 长江口湿地生态系统服务功能价值的评估 [J]. 长江流域资源与环境，2003，12 (5)：411-416.

吴迎霞. 海河流域生态服务功能空间格局及其驱动机制 [D]. 武汉：武汉理工大学，2013.

谢高地，鲁春霞，冷允法，等. 青藏高原生态资产的价值评估 [J]. 自然资源学报，2003，18 (2)：189-195.

徐中民，李兴文，赵雪雁，等. 甘肃省典型地区生态补偿机制研究 [M]. 北京：中国财政经济出版社，2011.

杨园园，戴尔阜，付华. 基于 InVEST 模型的生态系统服务功能价值评估研究框架 [J]. 首都师范大学学报：自然科学版，2012，33 (3)：41-47.

余新晓，周彬，吕锡芝，等. 基于 InVEST 模型的北京山区森林水源涵养功能评估 [J]. 林业科学，2012，48 (10)：1-5.

张彩霞，谢高地，杨勤科，等. 人类活动对生态系统服务价值的影响：以纸坊沟流域为例 [J]. 资源科学，2008，30 (12)：1910-1915.

张志强，徐中民，王建，等. 黑河流域生态系统服务的价值 [J]. 冰川冻土，2001，23 (4)：360-366.

赵景柱，肖寒，吴刚. 生态系统服务的物质量与价值量评价方法的比较分析 [J]. 应用生态学报，2000，11 (2)：290-292.

赵荣钦，黄爱民，秦明周，等. 农田生态系统服务功能及其评价方法研究 [J]. 农业系统科学与综合研究，2003，19 (4)：267-270.

赵同谦，欧阳志云，王效科，等. 中国陆地地表水生态系统服务功能及其生态经济价值评价 [J]. 自然资源学报，2003，18 (4)：443-452.

赵同谦，欧阳志云，郑华，等. 中国森林生态系统服务功能及其价值评价 [J]. 自然资源学报，2004，19（4）：480 - 491.

郑华，李屹峰，欧阳志云，等. 生态系统服务功能管理研究进展［J］. 生态学报，2013，33（3）：702 - 710.

朱会义，李秀彬. 关于区域土地利用变化指数模型方法的讨论［J］. 地理学报，2003，58（5）：643 - 650.

Allen R G，Pereira L S，Raes D，et al. Crop evapotranspiration - Guidelines for computing crop water requirements - FAO Irrigation and drainage paper 56［J］. FAO，1998，300（9）：D05109.

An L. Modeling human decisions in coupled human and natural systems：review of agent - based models［J］. Ecological Modelling，2012，229：25 - 36.

Asselen S V，Verburg P H. Land cover change or land - use intensification：Simulating land system change with a global - scale land change model［J］. Global Change Biology，2013，19（12）：3648 - 3667.

Bagstad K J，Johnson G W，Voigt B，et al. Spatial dynamics of ecosystem service flows：a comprehensive approach to quantifying actual services［J］. Ecosystem Services，2013（4）：117 - 125.

Bagstad K J，Semmens D J，Waage S，et al. A comparative assessment of decision - support tools for ecosystem services quantification and valuation［J］. Ecosystem Services，2013（5）：27 - 39.

Barbier E B. Valuing ecosystem services as productive inputs［J］. Economic Policy：A European Forum，2007（49）：179 - 229.

Basse R M，Omrani H，Charif O，et al. Land use changes modelling using advanced methods：cellular automata and artificial neural networks. The spatial and explicit representation of land cover dynamics at the cross - border region scale［J］. Applied Geography，2014（53）：160 - 171.

Bateman I J，Jones A P. Contrasting conventional with multi - level modeling approaches to meta - analysis：expectation consistency in U. K. woodland recreation values［J］. Land Economics，2003，79（2）：235 - 258.

Bateman I J，Jones A P，Lovett A A，et al. Applying geographical information systems（GIS）to environmental and resource economics［J］. Environmental and Resource Economics，2002，22（1 - 2）：219 - 269.

Bekele E G，Lant C L，Soman S，et al. The evolution and empirical estimation of ecological - economic production possibilities frontiers［J］. Ecological Economics，2013（90）：1 - 9.

Bennett E M，Balvanera P. The future of production systems in a globalized world［J］.

Frontiers in Ecology and the Environment, 2007, 5 (4): 191 - 198.

Bennett E M, Peterson G D, Gordon L J. Understanding relationships among multiple ecosystem services [J]. Ecology Letters, 2009, 12 (12): 1394 - 1404.

Bostian M, Whittaker G, Barnhart B, et al. Valuing water quality tradeoffs at different spatial scales: An integrated approach using bilevel optimization [J]. Water Resources and Economics, 2015 (11): 1 - 12.

Bostian M B, Herlihy A T. Valuing tradeoffs between agricultural production and wetland condition in the U. S. Mid - Atlantic region [J]. Ecological Economics, 2014 (105): 284 - 291.

Bradford J B, D'Amato A W. Recognizing trade - offs in multi - objective land management [J]. Frontiers in Ecology and the Environment, 2012, 10 (4): 210 - 216.

Brauman K A, Daily G C, Duarte T K e, et al. The nature and value of ecosystem services: an overview highlighting hydrologic services [J]. Annual Review of Environment and Resources, 2007 (32): 67 - 98.

Briner S, Huber R, Bebi P, et al. Trade - offs between ecosystem services in a mountain region [J]. Ecology and Society, 2013, 18 (3): 35.

Budyko M I. Climate and Life [M]. New York: Academic Press, 1974: 508.

Carreño L, Frank F C, Viglizzo E F. Tradeoffs between economic and ecosystem services in Argentina during 50 years of land - use change [J]. Agriculture, Ecosystems & Environment, 2012 (154): 68 - 77.

Cavender - Bares J, Polasky S, King E, et al. A sustainability framework for assessing trade - offs in ecosystem services [J]. Ecology and Society, 2015, 20 (1): 17.

Celio E, Koellner T, Grêt - Regamey A. Modeling land use decisions with Bayesian networks: Spatially explicit analysis of driving forces on land use change [J]. Environmental Modelling & Software, 2014 (52): 222 - 233.

Chambers R G, Chung Y, Färe R. Benefit and distance functions [J]. Journal of Economic Theory, 1996, 70 (2): 407 - 419.

Chee Y E. An ecological perspective on the valuation of ecosystem services [J]. Biological Conservation, 2004, 120 (4): 549 - 565.

Cheung W W L, Sumaila U R. Trade - offs between conservation and socio - economic objectives in managing a tropical marine ecosystem [J]. Ecological Economics, 2008, 66 (1): 193 - 210.

Chung Y H, Färe R, Grosskopf S. Productivity and undesirable outputs: a directional distance function approach [J]. Journal of Environmental Management, 1997, 51 (3): 229 - 240.

Costanza R, d'Arge R, de Groot R, et al. The value of the world's ecosystem services and natural capital [J]. Nature, 1997, 387 (15): 253 – 260.

Costanza R, de Groot R, Sutton P, et al. Changes in the global value of ecosystem services [J]. Global Environmental Change, 2014 (26): 152 – 158.

Crossman N D, Bryan B A, de Groot R S, et al. Land science contributions to ecosystem services [J]. Current Opinion in Environmental Sustainability, 2013, 5 (5): 509 – 514.

Gumming G S, Buerkert A, Hoffmann E M, et al. Implications of agricultural transitions and urbanization for ecosystem services [J]. Nature, 2014, 515 (7525): 50 – 57.

Daily G C. Nature's services: societal dependence on natural ecosystems [M]. Washington D. C. : Island Press, 1997: 412.

Daily G C. Management objectives for the protection of ecosystem services [J]. Environmental Science & Policy, 2000, 3 (6): 333 – 339.

Daily G C, Polasky S, Goldstein J, et al. Ecosystem services in decision making: time to deliver [J]. Frontiers in Ecology and the Environment, 2009, 7 (1): 21 – 28.

Dale V H, Kline K L. Issues in using landscape indicators to assess land changes [J]. Ecological Indicators, 2013 (28): 91 – 99.

De Groot R S. Functions of nature: evaluation of nature in environmental planning, management and decision making [M]. Groningen: Wolters – Noordhoff BV, 1992: 315.

De Groot R S, Alkemade R, Braat L, et al. Challenges in integrating the concept of ecosystem services and values in landscape planning, management and decision making [J]. Ecological Complexity, 2010, 7 (3): 260 – 272.

DeFries R S, Field C B, Fung I, et al. Combining satellite data and biogeochemical models to estimate global effects of human – induced land cover change on carbon emissions and primary productivity [J]. Global Biogeochemical Cycles, 1999, 13 (3): 803 – 815.

Deines A M, Adam B C, Katongo C, et al. The potential trade – off between artisanal fisheries production and hydroelectricity generation on the Kafue River, Zambia [J]. Freshwater Biology, 2013, 58 (4): 640 – 654.

Droogers P, Allen R G. Estimating reference evapotranspiration under inaccurate data conditions [J]. Irrigation and Drainage Systems, 2002, 16 (1): 33 – 45.

Easterling W E. Why regional studies are needed in the development of full – scale integrated assessment modelling of global change processes [J]. Global Environmental Change, 1997, 7 (4): 337 – 356.

Ehrlich P R, Daily G C. Population extinction and saving biodiversity [J]. Ambio, 1993,

22 (2 - 3): 64 - 68.

Elmqvist T, Tuvendal M, Krishnaswamy J, et al. Managing trade - offs in ecosystem services [A]. In: Kumar P, Thiaw I. Values, Payments and Institutions for Ecosystem Management [M]. Cheltenham: Edward Elgar Publishing, 2013: 70 - 89.

Evans J, Geerken R. Discrimination between climate and human - induced dryland degradation [J]. Journal of Arid Environments, 2004, 57 (4): 535 - 554.

Färe R, Grosskopf S, Weber W L. Shadow prices and pollution costs in U. S. agriculture [J]. Ecological Economics, 2006, 56 (1): 89 - 103.

Falloon P, Betts R. Climate impacts on European agriculture and water management in the context of adaptation and mitigation: the importance of an integrated approach [J]. Science of the Total Environment, 2010, 408 (23): 5667 - 5687.

Farber S C, Costanza R, Wilson M A. Economic and ecological concepts for valuing ecosystem services [J]. Ecological Economics, 2002, 41 (3): 375 - 392.

Farley J. Ecosystem services: the economics debate [J]. Ecosystem Services, 2012, 1 (1): 40 - 49.

Foley J A, DeFries R, Asner G P, et al. Global consequences of land use [J]. Science, 2005, 309 (5734): 570 - 574.

Fontana V, Radtke A, Fedrigotti V B, et al. Comparing land - use alternatives: using the ecosystem services concept to define a multi - criteria decision analysis [J]. Ecological Economics, 2013 (93): 128 - 136.

Ghermandi A, Nunes P A. A global map of coastal recreation values: results from a spatially explicit meta - analysis [J]. Ecological Economics, 2013 (86): 1 - 15.

Gibson C C, Ostrom E, Ahn T K. The concept of scale and the human dimensions of global change: a survey [J]. Ecological Economics, 2000, 32 (2): 217 - 239.

Goldstein H. Multilevel statistical models [M]. 4th ed. Hoboken, N. J.: Hoboken, N. J. Wiley, 2011.

Gower S T, Kucharik C J, Norman J M. Direct and indirect estimation of leaf area index, F APAR, and net primary production of terrestrial ecosystems [J]. Remote Sensing of Environment, 1999, 70 (1): 29 - 51.

Grossman J J. Ecosystem service trade - offs and land use among smallholder farmers in eastern Paraguay [J]. Ecology and Society, 2015, 20 (1): 19.

Haines - Young R, Potschin M, Kienast F. Indicators of ecosystem service potential at European scales: mapping marginal changes and trade - offs [J]. Ecological Indicators, 2012 (21): 39 - 53.

Holdren J P, Ehrlich P R. Human Population and the Global Environment: Population growth, rising per capita material consumption, and disruptive technologies have made civilization a global ecological force [J]. American Scientist, 1974, 62 (3): 282 - 292.

Holland R A, Eigenbrod F, Armsworth P R, et al. The influence of temporal variation on relationships between ecosystem services [J]. Biodiversity and Conservation, 2011, 20 (14): 3285 - 3294.

Hou Y, Zhou S, Burkhard B, et al. Socioeconomic influences on biodiversity, ecosystem services and human well - being: a quantitative application of the DPSIR model in Jiangsu, China [J]. Science of the Total Environment, 2014 (490): 1012 - 1028.

Howe C, Suich H, Vira B, et al. Creating win - wins from trade - offs? Ecosystem services for human well - being: a meta - analysis of ecosystem service trade - offs and synergies in the real world [J]. Global Environmental Change, 2014 (28): 263 - 275.

Huang I B, Keisler J, Linkov I. Multi - criteria decision analysis in environmental sciences: ten years of applications and trends [J]. Science of the Total Environment, 2011, 409 (19): 3578 - 3594.

Huang M, Zhang L, Gallichand J. Runoff responses to afforestation in a watershed of the Loess Plateau, China [J]. Hydrological Processes, 2003, 17 (13): 2599 - 2609.

Huber R, Bugmann H, Buttler A, et al. Sustainable land - use practices in European mountain regions under global change: an integrated research approach [J]. Ecology and Society, 2013, 18 (3): 37.

Jackson B, Pagella T, Sinclair F, et al. Polyscape: A GIS mapping framework providing efficient and spatially explicit landscape - scale valuation of multiple ecosystem services [J]. Landscape and Urban Planning, 2013 (112): 74 - 88.

Jarvis A, Reuter H I, Nelson A, et al. Hole - filled SRTM for the globe Version 4 [OB/OL] (2021 - 02 - 24) [2023 - 03 - 16]. http://srtm.csi.cgiar.org.

Jia X, Fu B, Feng X, et al. The tradeoff and synergy between ecosystem services in the Grain - for - Green areas in Northern Shaanxi, China [J]. Ecological Indicators, 2014 (43): 103 - 113.

Jiang L, Deng X, Seto K C. Multi - level modeling of urban expansion and cultivated land conversion for urban hotspot counties in China [J]. Landscape and Urban Planning, 2012, 108 (2 - 4): 131 - 139.

Kirchner M, Schmidt J, Kindermann G, et al. Ecosystem services and economic development in Austrian agricultural landscapes: the impact of policy and climate change scenarios on trade - offs and synergies [J]. Ecological Economics, 2015 (109): 161 - 174.

Kreuter U P, Harris H G, Matlock M D, et al. Change in ecosystem service values in the San Antonio area, Texas [J]. Ecological Economics, 2001, 39 (3): 333 - 346.

Kumar P. The economics of ecosystems and biodiversity: ecological and economic foundations [M]. London: Routledge, 2011: 456.

López - Carr D, Davis J, Jankowska M M, et al. Space versus place in complex human - natural systems: spatial and multi - level models of tropical land use and cover change (LUCC) in Guatemala [J]. Ecological Modelling, 2012 (229): 64 - 75.

Laniak G F, Olchin G, Goodall J, et al. Integrated environmental modeling: a vision and roadmap for the future [J]. Environmental Modelling & Software, 2013 (39): 3 - 23.

Lautenbach S, Volk M, Gruber B, et al. Quantifying ecosystem service trade - offs [A]. In International Environmental Modelling and Software Society (iEMSs) 2010 International Congress on Environmental Modelling and Software Modelling for Environment's Sake. Ottawa, Canada [C], 2010.

Lawler J J, Lewis D J, Nelson E, et al. Projected land - use change impacts on ecosystem services in the United States [J]. Proceedings of the National Academy of Sciences of the United States of America, 2014, 111 (20): 7492 - 7497.

Leh M D K, Matlock M D, Cummings E C, et al. Quantifying and mapping multiple ecosystem services change in West Africa [J]. Agriculture, Ecosystems & Environment, 2013 (165): 6 - 18.

Lester S E, Costello C, Halpern B S, et al. Evaluating tradeoffs among ecosystem services to inform marine spatial planning [J]. Marine Policy, 2013 (38): 80 - 89.

Lin D, Yu H, Lian F, et al. Quantifying the hazardous impacts of human - induced land degradation on terrestrial ecosystems: a case study of karst areas of south China [J]. Environmental earth sciences, 2016, 75 (15): 1127.

Liu J, Kuang W, Zhang Z, et al. Spatiotemporal characteristics, patterns, and causes of land - use changes in China since the late 1980s [J]. Journal of Geographical Sciences, 2014, 24 (2): 195 - 210.

Liu Z, Lang N, Wang K. Infiltration characteristics under different land uses in yuanmou dry - hot valley area [A]. In Proceedings of the 2nd International Conference on Green Communications and Networks 2012 (GCN 2012): Volume 1 [C], 2013: 567 - 572.

Loch R J. Effects of vegetation cover on runoff and erosion under simulated rain and overland flow on a rehabilitated site on the Meandu Mine, Tarong, Queensland [J]. Australian Journal of Soil Research, 2000, 38 (2): 299 - 312.

Lovell C A K, Pastor J T. Target setting: an application to a bank branch network [J].

European Journal of Operational Research，1997，98（2）：290－299.

Luke D A. Multilevel modeling [M]. Thousand Oaks，Calif：Sage Publications，2004.

Macal C M，North M J. Introductory tutorial：Agent－based modeling and simulation [A]. In Proceedings of the 2014 Winter Simulation Conference [C]，Savannah，Georgia，2014：6－20.

Maes J，Paracchini M L，Zulian G，et al. Synergies and trade－offs between ecosystem service supply，biodiversity，and habitat conservation status in Europe [J]. Biological Conservation，2012（155）：1－12.

Martín－López B，Iniesta－Arandia I，Garcia－Llorente M，et al. Uncovering ecosystem service bundles through social preferences [J]. PloS One，2012，7（6）：e38970.

Maskell L C，Crowe A，Dunbar M J，et al. Exploring the ecological constraints to multiple ecosystem service delivery and biodiversity [J]. The Journal of Applied Ecology，2013，50（3）：561－571.

Mastrangelo M E，Laterra P. From biophysical to social－ecological trade－offs：integrating biodiversity conservation and agricultural production in the Argentine Dry Chaco [J]. Ecology and Society，2015，20（1）：20.

McShane T O，Hirsch P D，Trung T C，et al. Hard choices：making trade－offs between biodiversity conservation and human well－being [J]. Biological Conservation，2011，144（3）：966－972.

MEA. Ecosystems and human well－being：a framework for assessment [M]. Washington，D. C.：Island Press，2003：212.

MEA. Ecosystems and human well－being [M]. Washington，D. C.：Island Press，2005：160.

MEA. Ecosystems and human well－being：current state and trends [M]. Washington，D. C.：Island Press，2005：948.

Metzger M J，Rounsevell M D A，Acosta－Michlik L，et al. The vulnerability of ecosystem services to land use change [J]. Agriculture，Ecosystems & Environment，2006，114（1）：69－85.

Naidoo R，Ricketts T H. Mapping the economic costs and benefits of conservation [J]. PLoS Biology，2006，4（11）：e360.

Nelson E，Mendoza G，Regetz J，et al. Modeling multiple ecosystem services，biodiversity conservation，commodity production，and tradeoffs at landscape scales [J]. Frontiers in Ecology and the Environment，2009，7（1）：4－11.

Nelson E，Sander H，Hawthorne P，et al. Projecting global land－use change and its effect on ecosystem service provision and biodiversity with simple models [J]. PloS One, 2010, 5 (12): e14327.

Nguyen T T, Verdoodt A, Van Y T, et al. Design of a GIS and multi – criteria based land evaluation procedure for sustainable land – use planning at the regional level [J]. Agriculture, Ecosystems & Environment, 2015 (200): 1 – 11.

Odum H T, Odum E P. The energetic basis for valuation of ecosystem services [J]. Ecosystems, 2000 (3): 21 – 23.

Overmars K P, Verburg P H. Multilevel modelling of land use from field to village level in the Philippines [J]. Agricultural Systems, 2006, 89 (2 – 3): 435 – 456.

Pattanayak S K. Valuing watershed services: concepts and empirics from southeast Asia [J]. Agriculture, Ecosystems & Environment, 2004, 104 (1): 171 – 184.

Polasky S, Nelson E, Camm J, et al. Where to put things? Spatial land management to sustain biodiversity and economic returns [J]. Biological Conservation, 2008, 141 (6): 1505 – 1524.

Polsky C, Easterling W E. Adaptation to climate variability and change in the US Great Plains: a multi – scale analysis of Ricardian climate sensitivies [J]. Agriculture, Ecosystems & Environment, 2001, 85 (1 – 3): 133 – 144.

Portman M E. Ecosystem services in practice: challenges to real world implementation of ecosystem services across multiple landscapes – a critical review [J]. Applied Geography, 2013 (45): 185 – 192.

Power A G. Ecosystem services and agriculture: tradeoffs and synergies [J]. Philosophical Transactions of the Royal Society of London. Series B, Biological Sciences, 2010, 365 (1554): 2959 – 2971.

Raudsepp – Hearne C, Peterson G D, Bennett E M. Ecosystem service bundles for analyzing tradeoffs in diverse landscapes [J]. Proceedings of the National Academy of Sciences of United States of America, 2010, 107 (11): 5242 – 5247.

Ring I, Hansjürgens B, Elmqvist T, et al. Challenges in framing the economics of ecosystems and biodiversity: the TEEB initiative [J]. Current Opinion in Environmental Sustainability, 2010, 2 (1): 15 – 26.

Robinson W S. Ecological correlations and the behavior of individuals [J]. American Sociological Review, 1950 (15): 351 – 357.

Rodríguez J P, Beard T D, Agard J, et al. Interactions among ecosystem services [A]. In: MEA. Ecosystems and Human Well – Being: Scenarios [M]. Washington, D. C: Island Press, 2005: 431 – 448.

Rodriguez J P, Beard T D, Bennett E M, et al. Trade – offs across space, time, and ecosystem services [J]. Ecology and Society, 2006, 11 (1): 28.

Ruijs A, Wossink A, Kortelainen M, et al. Trade – off analysis of ecosystem services in Eastern Europe [J]. Ecosystem Services, 2013 (4): 82 – 94.

Running S W, Nemani R, Glassy J M, et al. MODIS daily photosynthesis (PSN) and annual net primary production (NPP) product (MOD17) Algorithm Theoretical Basis Document [EB/OL]. [2023 – 03 – 16]. https: //modis. gsfc. nosa. gov/data/atbd/atbd _ mod16. pdf.

Sahin V, Hall M J. The effects of afforestation and deforestation on water yields [J]. Journal of Hydrology, 1996, 178 (1 – 4): 293 – 309.

Sanon S, Hein T, Douven W, et al. Quantifying ecosystem service trade – offs: the case of an urban floodplain in Vienna, Austria [J]. Journal of Environmental Management, 2012 (111): 159 – 172.

Schmalz B, Fohrer N. Ecohydrological research in the German lowland catchment Kielstau [J]. IAHS – AISH Publication, 2010 (336): 115 – 120.

Schröter D, Cramer W, Leemans R, et al. Ecosystem service supply and vulnerability to global change in Europe [J]. Science, 2005, 310 (5752): 1333 – 1337.

Schwenk W S, Donovan T M, Keeton W S, et al. Carbon storage, timber production, and biodiversity: comparing ecosystem services with multi – criteria decision analysis [J]. Ecological Applications, 2012, 22 (5): 1612 – 1627.

Sharp R, Tallis H, Ricketts T, et al. InVEST user's guide [R]. The Natural Capital Project, Stanford, 2014.

Shepherd R W. Theory of cost and production functions [M]. Princeton: Princeton University Press, 2015.

Silvestri S, Kershaw F. Framing the flow: innovative approaches to understand, protect and value ecosystem services across linked habitats [R]. Cambridge: United Nations Environment Programme (UNEP) World Conservation Monitoring Centre, 2010.

Snijders T A B, Bosker R J. Multilevel analysis: an introduction to basic and advanced multilevel modeling [M]. New York: Sage, 1999: 272.

Tallis H, Polasky S. Mapping and valuing ecosystem services as an approach for conservation and natural – resource management [J]. Annals of the New York Academy of Sciences, 2009, 1162 (1): 265 – 283.

Tallis H, Ricketts T, Guerry A, et al. InVEST 2. 2. 2 User's Guide [EB/OL] . [2023 – 03 – 16]. http: //data. naturalcapitalproject. org/invest – releases/documentation/2 _ 2 _ 2/.

Tian Y, Wang S, Bai X, et al. Trade – offs among ecosystem services in a typical Karst watershed, SW China [J]. Science of the Total Environment, 2016 (566 – 567): 1297 – 1308.

Tilman D, Cassman K G, Matson P A, et al. Agricultural sustainability and intensive production practices [J]. Nature, 2002, 418 (6898): 671 – 677.

Troy A, Wilson M A. Mapping ecosystem services: practical challenges and opportunities in linking GIS and value transfer [J]. Ecological Economics, 2006, 60 (2): 435 – 449.

Turner B L, Skole D, Sanderson S, et al. Land – use and land – cover change, science/ research Plan [R]. Stockholm and Geneva: IGBP, 1995.

Van den Belt M, Bowen T, Slee K, et al. Flood protection: highlighting an investment trap between built and natural capital [J]. Journal of the American Water Resources Association, 2013, 49 (3): 681 – 692.

Van Jaarsveld A S, Biggs R, Scholes R J, et al. Measuring conditions and trends in ecosystem services at multiple scales: the Southern African Millennium Ecosystem Assessment (SAfMA) experience [J]. Philosophical Transactions of the Royal Society of London, Sries B: Biological Sciences, 2005, 360 (1454): 425 – 441.

Van Ty T, Sunada K, Ichikawa Y, et al. Scenario – based impact assessment of land use/ cover and climate changes on water resources and demand: a case study in the Srepok River Basin, Vietnam—Cambodia [J]. Water Resources Management, 2012, 26 (5): 1387 – 1407.

Varian H R. Intermediate microeconomics: a modern approach [M]. 8th ed. New York: W. W. Norton, 2010.

Verburg P H, Soepboer W, Veldkamp A, et al. Modeling the spatial dynamics of regional land use: the CLUE – S model [J]. Environmental Management, 2002, 30 (3): 391 – 405.

Villa F, Bagstad K J, Voigt B, et al. A methodology for adaptable and robust ecosystem services assessment [J]. PloS One, 2014, 9 (3): e91001.

Vigerstol K L, Aukema J E. A comparison of tools for modeling freshwater ecosystem services [J]. Journal of Environmental Management, 2011, 92 (10): 2403 – 2409.

Villa F, Ceroni M, Bagstad K, et al. ARIES (Artificial Intelligence for Ecosystem Services): A new tool for ecosystem services assessment, planning, and valuation [A]. In 11Th Annual BIOECON conference on economic instruments to enhance the conservation and sustainable use of biodiversity, conference proceedings. [C], Venice, Italy, 2009.

Vollmer D, Pribadi D O, Remondi F, et al. Prioritizing ecosystem services in rapidly urbanizing river basins: a spatial multi – criteria analytic approach [J]. Sustainable Cities and Society，2016 (20)：237 - 252.

Wallace K J. Classification of ecosystem services：Problems and solutions [J]. Biological Conservation，2007，139 (3 - 4)：235 - 246.

Walsh S J，Messina J P，Mena C F，et al. Complexity theory，spatial simulation models，and land use dynamics in the Northern Ecuadorian Amazon [J]. Geoforum，2008，39 (2)：867 - 878.

Wang Z，Zhang B，Zhang S，et al. Changes of land use and of ecosystem service values in Sanjiang plain，northeast China [J]. Environmental Monitoring and Assessment，2006，112 (1 - 3)：69 - 91.

Watanabe M D B，Ortega E. Dynamic emergy accounting of water and carbon ecosystem services：a model to simulate the impacts of land - use change [J]. Ecological Modelling，2014 (271)：113 - 131.

Westman W E. How much are nature's services worth [J]. Science，1977，197 (4307)：960 - 964.

Williams J R，Renard K G，Dyke P T. EPIC：a new method for assessing erosion's effect on soil productivity [J]. Journal of Soil and Water Conservation，1983，38 (5)：381 - 383.

Wischmeier W H. Predicting rainfall - erosion losses from cropland east of the Rocky Mountains [M]. Washington D. C：U. S. Department of Agriculture，1956：1282.

Wischmeier W H，Smith D D. Predicting rainfall erosion losses - a guide to conservation planning [M]. Hyattsville，Maryland. USDA，Science and Education Administration，1978.

Wu F，Zhan J，Su H，et al. Scenario - based impact assessment of land use/cover and climate changes on watershed hydrology in Heihe River Basin of northwest China [R]. Advances in Meteorology，2015.

Wu K，Ye X，Qi Z，et al. Impacts of land use/land cover change and socioeconomic development on regional ecosystem services：the case of fast - growing Hangzhou metropolitan area，China [J]. Cities，2013 (31)：276 - 284.

Wu S，Zhou S，Chen D，et al. Determining the contributions of urbanisation and climate change to NPP variations over the last decade in the Yangtze River Delta，China [J]. Science of the Total Environment，2014 (472)：397 - 406.

Xie G，Zhen L，Lu C，et al. Applying value transfer method for eco - service valuation in China [J]. Journal of Resources and Ecology，2010，1 (1)：51 - 59.

Yan H，Zhan J，Jiang Q，et al. Multilevel modeling of NPP change and impacts of water resources in the Lower Heihe River Basin [J]. Physics and Chemistry of the Earth，

Parts A/B/C，2015（79 - 82）：29 - 39.

Yin R，Rothstein D，Qi J，et al. Methodology for an Integrative Assessment of China's Ecological Restoration Programs［A］. In：An Integrated Assessment of China's Ecological Restoration Programs［M］. Springer，2009：39 - 54.

Zhang H，Zhang B，Zhao C. Modelling the future variations of land use and land cover in the middle reaches of heihe river，northwestern China［A］. In Geoscience and Remote Sensing Symposium（IGARSS），2010 IEEE International［C］，2010：883 - 886.

Zhang L，Dawes W R，Walker G R. Response of mean annual evapotranspiration to vegetation changes at catchment scale［J］. Water Resources Research，2001，37（3）：701 - 708.

Zhang X，Niu J，Buyantuev A，et al. Understanding grassland degradation and restoration from the perspective of ecosystem services：a case study of the Xilin River Basin in Inner Mongolia，China［J］. Sustainability，2016，8（7）：594.

Zhao M，Running S W. Drought - induced reduction in global terrestrial net primary production from 2000 through 2009［J］. Science，2010，329（5994）：940 - 943.

Zheng H，Li Y，Robinson B E，et al. Using ecosystem service trade - offs to inform water conservation policies and management practices［J］. Frontiers in Ecology and the Environment，2016，14（10）：527 - 532.

Zheng Z，Fu B，Feng X. GIS - based analysis for hotspot identification of tradeoff between ecosystem services：a case study in Yanhe Basin，China［J］. Chinese Geographical Science，2016，26（4）：466 - 477.

致 谢

ACKNOWLEDGEMENT

本书在数据采集与处理、模型方法构建、资料收集等方面得到了国家自然科学基金青年项目"生态与经济目标权衡视角下的水资源适应性管理研究——以黑河流域为例"（项目资助号：71804175）和国家自然科学基金重大项目"长江经济带水循环变化与中下游典型城市群绿色发展互馈影响机理及对策研究"课题四"长江经济带典型城市群绿色发展及水适应对策"（项目资助号：41890824）的经费支持。彭璐、吴皓玮等同学为本书的撰写提供了文献整理、文字订正等方面的帮助。

李志慧

2023 年 5 月

图书在版编目（CIP）数据

西北绿洲地区生态系统服务的空间动态与权衡分析：
以张掖市为例 / 李志慧，邓祥征著. —北京：中国农
业出版社，2023.7
ISBN 978-7-109-30863-3

Ⅰ.①西… Ⅱ.①李… ②邓… Ⅲ.①绿洲—生态系
—服务功能—研究—张掖 Ⅳ.①P942.423.73

中国国家版本馆 CIP 数据核字（2023）第 121848 号

中国农业出版社出版

地址：北京市朝阳区麦子店街 18 号楼
邮编：100125
责任编辑：赵　刚
版式设计：王　晨　责任校对：史鑫宇
印刷：北京中兴印刷有限公司
版次：2023 年 7 月第 1 版
印次：2023 年 7 月北京第 1 次印刷
发行：新华书店北京发行所
开本：720mm×960mm　1/16
印张：13
字数：200 千字
定价：78.00 元